できるビジネス

Outlook

1日1時間の時短はこう実現する

アウトルックの強化書

[著]
伊賀上真左彦
岡林昭憲
田嶋江梨子

インプレス

はじめに

　私たちは「日本の知的生産性を高めることで、所得を増やし、豊かで自由な生活を行う」ことを目的として活動しています。本書はOutlookの効率的な使い方に絞ったものですが、本書でご紹介しているインボックス・ゼロ、ディープ・ワーク、AIやプログラムでの自動化といった考え方は、Outlook以外のアプリにも応用できるものです。本書を参考に、メール以外の仕事の効率化にもチャレンジいただければと思います。

　本書『アウトルックの強化書　1日1時間の時短はこう実現する』は、以下のような特長を持つ書籍となっています。

■ 特長① 日本初（著者調べ）の新しいOutlookの書籍

　2022年に登場した「新しいOutlook」は、従来の常識をくつがえす画期的なメールアプリです。2025年時点で「新しいOutlook」は全てのWindowsパソコンに標準搭載し販売されており、実質的な世界標準と言えるメールアプリです。しかし、数十年前に作られた「従来のOutlook」とは仕様や機能が一新されており、使い方がわからず困った人も多くいます。本書は日本初（著者調べ）の新しいOutlookに完全対応した書籍として作られています。

■ 特長② 著者が行っているOutlook研修の書籍化

　私たちはOutlookの効率化、誤送信低減、自動化に関する研修事業を行っています。新入社員研修や全社員必須の研修として行っている企業も多く、これまでに1万人を超える人に受講いただきました。本書はその研修の内容を書籍としてまとめています。それにより誰でも、いつでも、低価格で、研修の内容に触れていただけるように目指しました。

▪ 特長③ 日本人平均で毎日1時間の業務効率化を実現

　日本人は平均で1日2時間、メールアプリを使っているとされますが、これを半減させます。これは日本で行われている業務効率化に関する書籍の中でもトップクラスの効果であると自負しています。

▪ 特長④ メール誤送信低減についても解説

　皆様、BCCをご存じでしょうか？実はOutlookでは初期設定で非表示になっていて、BCCを知らない若い人が1,000件単位の個人情報漏えい事故を起こすケースがIT企業でも多発しています。またOutlookは誤送信取り消し機能を持っていますが、初期設定ではオフになっており、ほとんどの人は存在も知りません。本書では誤送信低減のための設定変更や操作テクニックについても解説しています。

▪ 特長⑤ AI時代の働き方に対応

　2025年、大学の共通テストでプログラミング（情報1）が必須科目となりました。すでに小中高校でのプログラミング教育も行われており、プログラミングは全ての人が知るべき必須スキルに変わっています。また博士課程の学生に匹敵する知能を持った人工知能AIがすでに完成しており、今後私たちが行っている仕事の一部はAIによって行われることになります。本書はOutlookに搭載されたAI機能Copilotや、プログラミングでの自動化アプリPower Automateの使い方も解説しています。

　この本を通じて、皆様がより効率的に仕事を進め、より多くの時間を創出できることを願っています。さあ、一緒に究極の効率化＆自動化を目指しましょう！

ご購入・ご利用の前に必ずお読みください

本書の内容は、2025年1月時点の情報をもとに構成しています。本書の発行後に各種サービスやソフトウェアの機能、画面などが変更される場合があります。

本書発行後の情報については弊社のWebページ（https://book.impress.co.jp/）などで可能な限りお知らせいたしますが、すべての情報の即時掲載ならびに、確実な解決をお約束することはできかねます。また本書の運用により生じる、直接的、または間接的な損害について、著者ならびに弊社では一切の責任を負いかねます。あらかじめご理解、ご了承ください。本書で紹介している内容のご質問につきましては、巻末をご参照のうえ、メールまたは封書にてお問い合わせください。ただし、本書の発行後に発生した利用手順やサービスの変更に関しては、お答えしかねる場合があります。また、本書の奥付に記載されている初版発行日から1年が経過した場合、もしくは解説する製品やサービスの提供会社がサポートを終了した場合にも、ご質問にお答えしかねる場合があります。あらかじめご了承ください。

また、以下のご質問にはお答えできませんのでご了承ください。
・書籍に掲載している内容以外のご質問
・お手元の環境や業務に合わせた使用方法

■ 用語の使い方

本文中では、「Microsoft Windows 11」のことを「Windows 11」または「Windows」、「Microsoft Windows 10」のことを「Windows 10」または「Windows」、「Microsoft 365 Copilot」のことを「Microsoft Copilot」または「Copilot」、「Copilot Pro」のことを「Copilot Pro」または「Copilot」と記述しています。また、本文中で使用している用語は、基本的に実際の画面に表示される名称に則っています。

■ 本書の前提

本書では、「Windows 11」に「Outlook（new）」がインストールされているパソコンで、インターネットに常時接続されている環境を前提に画面を再現しています。また、一般法人向けMicrosoft 365およびMicrosoft 365 Copilotのサブスクリプションを契約した環境を前提としています。Copilotは本書に記載されている質問を入力しても、異なる回答や結果を生成することがあります。これはCopilotの特性によるものですので、ご了承ください。

Microsoft、Windowsは、米国Microsoft Corporationの米国およびその他の国における登録商標または商標です。

そのほか、本書に記載されている会社名、製品名、サービス名は、一般に各開発メーカーおよびサービス提供元の登録商標または商標です。なお、本文中にはTMおよび®マークは明記していません。

Copyright© 2025 Masahiko Igaue, Akinori Okabayashi and Eriko Tajima. All rights reserved.
本書の内容はすべて、著作権法によって保護されています。著者および発行者の許可を得ず、転載、複写、複製等の利用はできません。

目次

はじめに 2

ご購入・ご利用の前に 4

第 1 章　AI時代到来、新時代のメール仕事術

01　誕生！　新しいOutlook 10

02　まず目指すべきは「部署で一番パソコンに詳しい人」 16

03　自由に休める。心理的な負荷が少ない働き方を実現する 18

column　海外では電話をビジネスで使わない？ 22

第 2 章　日本の商習慣に最適化した設定に変更する

01　効率を上げ、見逃しと誤送信を減らす初期設定とは？ 24

02　2つのOutlookと起動方法の違いを理解する 26

03　優先受信トレイとスレッド表示はオフにする 29

04　効率を上げるレイアウトに変更する 34

05　定型文は署名として登録する 37

06　相手が激怒？　本文の書式を使い分ける 40

07　送信の取り消しは必ず設定する 43

08　BCCを表示して個人情報漏えいを防ぐ 45

column　外部モニターの導入で効率アップ 48

第 3 章　効率化の考え方と手法を学ぶ

01	インボックス・ゼロを学ぶとOutlookが楽になる	50
02	フォルダー分けに頼らないメール管理のススメ	54
03	集中力を高め、仕事の効率を5倍に高めるディープ・ワーク	57
04	「了解」で十分！　即返信でビジネスを高速化する	60
05	マウスレスだけで毎日27分を創出できる	62
06	本文は極力10行以内にまとめる	65
07	1通を10秒以内で読む訓練を行う	67
08	カーソルの移動はショートカットキーで行う	71
09	スマートフォン版Outlookは出先のメールチェックに活用する	73
10	Outlookとチャットアプリを使い分ける	78
column	タブを操作するショートカットキーで完全マウスレスを実現！？	80

第 4 章　効率化に直結する機能を使いこなす

01	自分が主担当でないメールを自動でフォルダーに送る	82
02	上司と得意先のメールを条件付き書式で強調する	85
03	分類項目でメールを色分けして管理する	88
04	検索フォルダーで仮想のフォルダーを作る	98
05	入力効率を高める4大機能を身に付ける	101
06	単語を登録して高速入力する	103
07	クリップボードの履歴で長文入力を効率化する	105

08 もう1つの入力効率機能「マイテンプレート」とは？ —— 108

09 社内の「承知しました！」はリアクション機能を使う —— 112

10 予定をOutlookに集約して効果を底上げする —————— 114

column インボックス・ゼロを安全に導入する2つの方法 —— 118

第5章 AIで次世代の働き方を実現する

01 AIアシスタント「Copilot」とは？ ——————————— 120

02 Copilotでメールを下書きする ——————————— 124

03 EdgeのCopilotを使いメールを下書きする ————— 131

04 Copilotでメールに返信する ——————————— 134

05 Copilotでメールのコーチングを受ける ————— 136

06 Copilotで長いメールを要約する ——————————— 138

column 予測される『第4次産業革命後の世界』 ———— 140

第6章 メール誤送信を無くすテクニックを学ぶ

01 想像以上に恐ろしいメール誤送信の影響 ————— 142

02 連絡先を登録して誤送信を防ぐ ——————————— 146

03 添付ファイルは最初に付けて送り間違いを防ぐ —— 150

04 ダブルチェックで誤送信を10分に1にする ————— 151

05 誤送信は起こるという前提で施しておきたい最後の対策 153

column 負の感情を含んだ言葉は絶対に使わない ———— 156

7

第 7 章　共有メールボックスで働き方を変える

01　自由に休み、自由に帰れる環境を作る ———— 158

02　共有メールボックスの2つの表示方法を使い分ける ——— 163

03　共有メールボックスのメリットを最大限に引き出す方法 — 169

04　自動返信メールの使い分けで満足度と効率をアップ ——— 172

column　洩れ、二重処理なく安全にメールを処理するコツ — 174

第 8 章　Power Automateでメールを自動処理する

01　もはや現代の読み・書き・そろばん。プログラミングで業務を自動化する — 176

02　業務自動化アプリ「Power Automate」とは ——————— 178

03　Power Automateの基本 ———————————————— 181

04　Excelの表を基に定型メールを一斉送信する ———————— 187

column　英語メールの書式は恥ずかしい？ ————— 210

付録　　Outlook効率化ショートカット ———————— 211

おわりに ——————————————————————— 212

索引 ———————————————————————————— 214

第 1 章

AI時代到来、新時代のメール仕事術

2022年末に公開されたChatGPTは、文書作成やプログラミングの効率を大きく高めると同時に、AIと共に働く新しい仕事の形を予感させました。2023年末に公開された新しいOutlookは、現代の技術で再度作り直したもので、ChatGPTと同じAIやTeamsなど他のアプリとの連携、Power Automateでの自動処理など、次世代の働き方に必要な機能が多数追加されました。

01

誕生！ 新しいOutlook

■ 新しいOutlookとは？

待望の新しいOutlookがリリースされました。すでに使用している人もいるのではないでしょうか。

◆ 新しいOutlookの画面

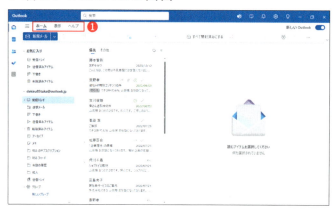

新しいOutlook（上）と従来のOutlook（下）。リボンUIが見直され、新しいOutlookには［ホーム］［表示］［ヘルプ］のみ❶が表示され、シンプルな構成となっている

◆ 従来のOutlookの画面

◆ 新しいOutlookの特徴
- AI支援機能Copilotとの連携
- 業務自動化アプリPower Automateを活用した自動処理
- 最新のセキュリティー、スパムメール対策
- リアクション、ピン留め、スケジュール送信などメール管理機能の強化
- Teams、OneDriveとの連携強化

Outlookは数十年、改良をされ使い続けられてきたアプリです。しかし、新しいOutlookはバージョンアップではなく、従来のプログラムを刷新し、ブラウザー版Outlookと共通化されたまったく新しいアプリとして再構築されました。

■ 変革期にあるパソコン用Outlookの現状

パソコン用Outlookには、Webブラウザー上で動作するブラウザー版とパソコンにインストールして使うクライアント版の、主に2つのアプリが存在します。

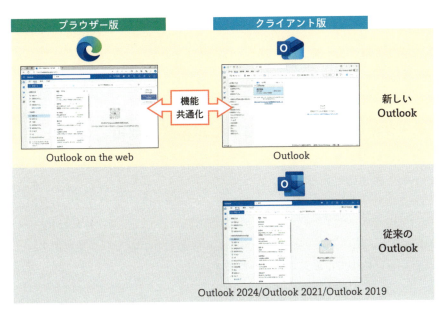

本書ではブラウザーからアクセスするOutlook on the webとクライアント版のOutlookを新しいOutlook、Outlook 2024～2016を従来のOutlookとそれぞれ定義している

クライアント版Outlookは2023年からブラウザー版Outlookとほとんどのプログラムを共有し、機能を共通化した新しいOutlookに切り替えが始まりました。そして2024年8月、新しいOutlookはプレビューから一般公開に移行しました。現時点で新しいOutlookは「新しいOutlookを試す」のトグルスイッチをオプト・イン（許可）することで使用できますが、今後、標準のアプリになることが予定されています。

従来のOutlookを使っている場合、リボンの右上にある［新しいOutlookを試す］❶から新しいOutlookに切り替えられる

　従来のOutlookも、当面は使用を継続できると考えられます。しかし、バージョンアップがあまり行われておらず、セキュリティーの面でも劣るため、早めに新しいOutlookに切り替えるのが望ましいです。

　本書はブラウザー版Outlookとクライアント版の新しいOutlookに対応した内容となっています。便宜上、この2つを「新しいOutlook」と呼ぶことにします。

■ データから見るメールの効率化が必要な理由

　アドビ社が発表した電子メール利用実態調査「2019 Consumer Email Survey」によると、日本人がメールのチェックに消費する時間は、平日平均で仕事関連が77分、私用メールで53分とされています。つまり合計で毎日130分（2時間10分）をメールの処理に費やしています。これはExcelやWordなど、他のアプリと比較しても長いと思われ、おそらく業務用アプリケーションの中では最長と考えられます。

アドビ社の「2019 Consumer Email Survey」では日本を含めた世界各国の電子メールを処理する時間を調査したレポートがまとめられている

　さらに見逃せないのが、新入社員から役員まで、役職に関係なくすべての人が等しく使用している点です。例えばExcelは、一部の職種で1日中使います。しかし、それ以外の職種ではときどき見る程度が多く、使わないアプリを勉強しても無駄になります。これに対してメールは、ほとんどの職種で毎日、長時間にわたり使用しています。

　本書では、毎日メールに割く時間を半分に削減することを目標としています。平均して毎日130分、約2時間メールを使っているとすると、65分、約1時間の短縮になります。

◆ 本書で取り上げるメール効率化の実践方法

- インボックス・ゼロ、ディープ・ワークなどの効率化手法を習得する（P.50、P.57）
- ショートカットや効率化の機能を習得する（P.62）
- 斜め読みにより高速でメールを読む（P.67）
- 共有メールボックスで複数名の共同作業を行う（第7章）
- Power Automate を使い定型メールを自動処理する（第8章）

海外では常識とされるインボックス・ゼロやディープ・ワークなどの効率化手法について、日本で知っている人はあまりいません。したがって、無理に独創的なことをせず、海外の効率化手法を真似るだけでも大幅な効率化が可能です。

■ メール業務効率化に新しいOutlookが最適な理由

メール業務の効率化を目指す場合、新しいOutlookを使うことがベストと断言します。

◆ 新しいOutlookがメールの効率化に最適な理由

- 日本と世界で最も使われているメールアプリ

  Outlookは多くの企業で導入されており、事実上のデファクト・スタンダード（業界標準）となっています。そのため使い方や効率化に関する情報を得やすくなり、転職した人も研修などの教育や練習期間を必要とせず、すぐに使いこなせます。

- AI機能の充実

  OutlookにはCopilot※と呼ばれるAI機能が搭載されています。メールの下書き補助やコーチング、受信したメールの要約などが可能です。これにより他のアプリでは不可能な効率でメールを処理でき、経験の浅い人が熟練者に匹敵する高品質のメールを書けるようになります。

  ※Copilotの全機能を使用するには、有料のサブスクリプションサービスへの加入が必要な場合があります。

■ グループメーラー機能を完備

　グループメーラーは1つのメールアドレスを複数人で共有して使用する機能です。業務の効率化、メールの処理漏れや二重処理を無くす、業務の引き継ぎや繁忙期の増員が容易になる、といった効果を期待できます。グループメーラーは通常、専用のサービスに加入する必要がありますが、Outlookはその機能を標準で持っています※。

※ Microsoft 365のサブスクリプションサービスへの加入が必要な場合があります。

■ Power Automateを活用した定型メールの自動処理を行える

　Outlookは業務自動化アプリ（RPA）であるPower Automateを使うことで、定型メールの自動処理を簡単に行えます。本書ではExcelの一覧表を基に多数のメールを自動送信する事例をお見せします。

　なお新しいOutlookは、従来のOutlookと異なり、COMインターフェイスに対応していません。そのため、それを活用したVBAやPythonでの自動化には対応していません。設計が古いCOMインターフェイスはいずれ使用できなくなると考えられます。VBAやPythonでOutlookの自動化を行っている場合は早めに新しいOutlookとPower Automateなどに移行する必要があります。

　私も2023年までは従来のOutlookを使用しており、出版や研修も行っていましたが、2024年以降は新しいOutlookに切り替えました。新しいOutlookは2023年から2024年にかけ、大幅な機能強化が行われています。AI機能のCopilotやPowerAutomateでの自動化も合わせ、現時点での性能は従来のOutlookを超えていると考えられます。

　新しいOutlookは機能やショートカットが一新されているため、使い方がわからない、という話もよく聞きます。本書はそういった場合にも役立つように執筆しました。

02

まず目指すべきは「部署で一番 パソコンに詳しい人」

■ AIに仕事を奪われる人と奪われない人の違い

2022年末に公開された人工知能チャットボットChatGPTは、世界を震撼させました。生成AI革命とも呼べる時代を迎え、AIに仕事を奪われる日が来るかもしれないと恐怖心を感じている人もいるかもしれません。

私は現在、業務革新（BPR）コンサルタント、業務自動化（RPA）コンサルタントという仕事を行っています。新規ビジネスの立ち上げや、従来あるの仕事を少人数で行えるよう自動化や効率改善を行うのが仕事です。30人で行ってきた仕事を10人で行えるよう再構築する、といったことも頻繁に行っています。

次の時代にも今の仕事を続けたいなら、以下の2つのどちらか、もしくは両方を目指す必要があると考えています。

- 部署で一番仕事に詳しい人
- 部署で一番パソコンに詳しい人

AIでの自動化が進んでも、すぐさま完全に無人になるわけではありません。当面は、少人数の人がAIを管理する時代に移行するでしょう。

ではAIを管理する少人数の人とは、どういった人でしょう？　それは「部署で一番仕事に詳しい人」と「部署で一番パソコンに詳しい人」になることでしょう。

本書の内容を習得すれば、Outlookと業務自動化アプリPower Automateに関して「部署で一番詳しい人」になれます。あとはExcelの使い方を書籍などで勉強すれば、十分「部署で一番パソコンに詳しい人」になることができるでしょう。

私は40歳前後でリーマンショックを経験しました。取引先や自分が勤める工場もなくなり、コールセンターのオペレーターとして再出発しました。事務職として適性がなかった私はITスキルで自分の不足した能力を補うことを考えました。それからは本屋に通って仕事で役に立つIT関連書を読みあさり、10年経過した今はITコンサルタントとして食べていけるようになりました。

10年以上勉強して今の立場になりましたが、今はAIという優秀な家庭教師が存在します。私が10年かけてたどり着いたところを、今なら3年でたどり着けることでしょう。

Outlookにも搭載されたCopilotなどのAIは人間にとって敵となる可能性がありますが、同時に最高の先生でもあります。AIの力を借りれば、文法を知らないプログラミング言語でもプログラムを組めます。私はVBAというプログラミング言語を習得するのに5年程度かかりましたが、今ならAIの力を借りて、1年程度で同じレベルに到達できるかもしれません。

今は第4次産業革命と呼ばれる変革の時代です。新しい時代で主要な地位を占めるためには、今が最後のチャンスかもしれません。現時点では、AIは道具に過ぎません。正しく、効率的に使いこなし、新しい時代の先駆者を目指しましょう。

03

自由に休める。心理的な負荷が 少ない働き方を実現する

■ 働き方改革を手軽に始めるヒントは自動化にある

　本書が「部署で一番パソコンに詳しい人」と同時に、もう1つ目指しているのが、自由で心理的な負荷が少ない働き方です。

　例えば、毎日確実に行う必要がある仕事なのに、担当者が自分しかいない、という業務はありませんか？　その業務があるために休めませんし、仮に休めたとしても、ひそかにリモートでその仕事をする人も多いでしょう。

　また、毎日決められた時刻にしなければならない仕事はないでしょうか？　その仕事を行うために早く出勤したり、他に仕事が無いのに残業したりしていませんか？

　かつて私の職場には、そういった仕事があふれていましたが、時間をかけて変えていきました。そのために役に立ったのが、複数名で1つのメールアドレスを共有する機能である共有メールボックスと、業務自動化アプリPower Automateです。

■ 業務を共同で行えば楽になる

　かつて私の部署では、メールアドレスの使用について大きな改革を行いました。得意先業務で個人のメールアドレスの使用を禁止し、すべてを共有メールボックスでやり取りすることにしたのです。当初は反発を受けましたが、5年経過した現在でもそのルールは守られていますし、今は個人のメールアドレスで得意先とやり取りする人が1人もいなくなりました。

切り替えがスムーズに進んだ理由は、やってみると楽だったからです。やり取りするメールを他のメンバーも確認できるので、見逃しや間違いがあればすぐアドバイスを受けられます。急に休んでも他のメンバーが業務を代行できます。新人が書いたメールを熟練者がチェックすることも容易となり、新人が成長する速度も上がりました。仕事への心理的負荷が大きく下がり、メールの見逃しや誤送信などの事故も激減しました。

共有メールボックスはMicrosoft 365の管理者権限がある人しか設定できないため、存在を知らない人が多いです。使ったことが無い人は本書を参考に一度お試しください。

■ 自動で業務を毎日行うPower Automateの効果

2016年頃から世界中でブームとなったのが業務自動化アプリRPA（ロボティック・プロセス・オートメーション）です。皆さんの会社も何らかのRPAを試したのではないでしょうか？

Power Automateでは自動化の処理を視覚的に構成することが可能。プログラミングすることなく、アプリの自動化を行える点が画期的なサービスといえる

◆ RPAの特徴

- Excelマクロと異なり、パソコン上の幅広いアプリを自動化
- 部品を組み合わせることで比較的簡単に自動化が実現可能
- スケジュール実行が可能で、人がいない状態で業務を実行可能

RPAは巨大なブームとなり、最盛期にはおそらく100種類を超えるアプリが販売されていました。そんなアプリのブームに大きな転機が訪れたのが2021年。マイクロソフトがPower AutomateをMicrosoft 365のサービス加入者に追加料金なしで使えるようにしたのです。これまで1アカウントで年間数十万円程度と、高額なアプリが多かったRPAをなんと無償で提供したのです。

RPAは初心者でも使える簡単なアプリだったので、本来は初心者にこそ使ってもらうべきものでした。ただ一時期は高額であったため、プログラミングを習得したエンジニアのみにRPAのアカウントが支給されるという、いびつな状況も一部で発生しました。初心者向け業務自動化アプリであるRPAを、誰でも追加料金なしで使えるようにしたのはマイクロソフトの功績です。

すでにプログラミング教育は義務教育化されており、プログラミングは「現代の読み書きそろばん」とまで呼ばれるようになってからも久しいです。プログラミングを勉強したい、しかし何から勉強してよいかわからない、という場合は、まずは自分の簡単な仕事を自動化するとよいでしょう。

これまで出版されたOutlook関連の書籍で、Power Automateでの自動化にまで踏み込んだ本はおそらくなかったと考えています。もはやプログラミングは「現代の読み書きそろばん」です。Outlookの効率化を考えるうえで、Power Automateは必須のテクニックと考えており、あえて本書に含めました。

Outlookの自動化で最も効果があるのは、メールの自動送信と受信した
メールの自動処理です。この２つだけを習得すればほとんど完了と言えます。
非常に簡単ですので、ぜひチャレンジしてください。

■ 本書のテーマは間違った働き方の一掃

日本では古い、間違った業務効率化がまかり通っていると考えています。
本書は、少なくともOutlookに関して誤った考え方を一掃し、新しい働き方
を実現するのを目的としています。

例えば、メールを誤送信し、上司から叱られた経験はないでしょうか？
Outlookには誤送信取り消しの機能がありますが、多くの会社では使ってい
ません。人間は一定の確率で作業ミスをするものです。ミスをした人を叱る
のではなく、原因の確認やミスを防ぐ機能がないかを確認するほうがより重
要です。

海外では集中して働けるように他人の目線や音を遮断した個室型のオフィ
スが一般的です。対して日本では大部屋型のオフィスが中心で、パーティ
ションもほとんど存在しません。集中して働ける環境が用意されていないに
も関わらず、ミスをした部下を叱るのでしょうか？

本書の内容はOutlookというアプリに絞っていますが、隠されたもう１つ
の目的は、日本の働き方を新しい形に変えることです。そのためにOutlook
という、誰でも使っているメジャーなアプリから働き方を変えていきます。

---
column

海外では電話をビジネスで使わない？

　日本の経営者でも「電話をかけてくるような人とはビジネスはしない」と宣言している人がいます。特殊な人だと思う人もいるかもしれませんが、実はアメリカやヨーロッパではビジネスで対面の会議や電話の使用はほとんどなくなっています。代わりに用いられているのがメール、チャット、オンライン会議です。

　本章で取り上げたアドビ社の「2019 Consumer Email Survey」によると、アメリカ人は平均で毎日352分（約6時間）メールを使用しています。イギリスでは平均331分（約5時間半）で、1日の大半の時間をメールに費やしていることがわかります。対して日本では130分だけです。

　海外の研究では、電話などで作業を中断した場合、元の集中力を取り戻すのに23分かかるとされています。時間があるときにまとめて読めるメールと異なり、強制的に相手の時間に割り込む電話は、集中力を要する仕事をする人にとっては害悪なのです。他にも以下のような問題があります。

◆ **電話や対面の会議の問題**
- 相手の集中力を奪う
- 記録が残らない（もしくは、議事録作成の負荷）
- 相手の時間を無駄に奪う（相手の時間への割り込み、会議室への移動時間）

　外資系企業に勤めている人に話を聞くと、今でも緊急時の連絡には電話を使うそうですが、それ以外で電話を使うことはマナー違反であり非効率な行為という認識だそうです。日本の業務効率の低さと、それに伴う低賃金化が問題になっていますが、業務の効率を上げるには、電話や対面の会議をやめて、メールやチャットに置き換えることが重要です。

第 **2** 章

日本の商習慣に最適化した設定に変更する

Outlookは世界中で広く使われているアプリで、その設定も世界で共通したものになっています。ただ、日本は海外と比べ、仕事上のミスについて厳しい評価をする傾向があります。海外では問題視されにくい、メールの見逃しや誤送信が、日本では致命的な事故として扱われます。ここではOutlookの初期設定を日本の商習慣に最適化して、作業ミスを減らし、効率を上げる方法を解説します。

01
効率を上げ、見逃しと誤送信を減らす初期設定とは？

■ 初期設定で使い続けるのが危険な理由

　Outlookの初期設定には、重要なメールや最新のメールを強調し、見やすくする機能（優先受信トレイ、スレッド表示）があります。海外では便利な機能ですが、1件の見逃しも容認されない日本では危険性が高い仕様といえます。

　また、Outlookには送信取り消しの機能がありますが、初期設定ではオフになっています。送信取り消しの設定をオンにするだけでも大半の誤送信を防ぐことができます。

［送信の取り消し］は初期設定では設定されておらず、使うにはOutlookの設定を変更する必要がある

■ 大手企業でも多発するBCC問題による個人情報の大量洩えい

　Outlookの初期設定でもう1つ、大きな課題となるのが、BCC問題です。BCCはメールの受信者に、他の受信者のメールアドレスを知られることなく、メールを一斉送信する機能です。互いにメールアドレスを知らない複数の人にメールを送る場合、BCCで送らないと、個人情報であるメールアドレスの流出事故、として扱われます。

　近年、大手IT企業でもBCCではなくTOやCCでメールを送信し、個人情報であるメールアドレスが大量流出する事故が多発しています。その原因の1つとして、OutlookではBCCが非表示であることが挙げられます。メー

新規メール作成画面では初期設定でCCのみが表示❶され、BCCは表示されないようになっている

ルに慣れていないとBCCという言葉も知らず、無意識に個人情報漏えい事故を発生させてしまう恐れがあります。

　ミスを容認できない日本の商習慣は、品質の高さや丁寧さという形で世界から高い評価を受けています。こうした商習慣は、必ずしも間違ったものではありません。ただ、Outlookの初期設定とは相性が悪く、必ず変更したうえで使用してください。

　また、新しいOutlookでは従来のOutlookから変更点が多く、従来とは一部の設定を変更する必要もあります。本章では従来のOutlookとの変更点も説明します。

◆ 初期設定変更のポイント
- 優先受信トレイとスレッド表示をオフにする
- 閲覧ウィンドウを右に表示する
- 本文の書式をHTML形式かテキスト表示から選ぶ
- 署名を活用した効率化
- 誤送信の取り消し設定をオンにする
- BCCを表示する

02

2つのOutlookと起動方法の違いを理解する

■ ブラウザー版とクライアント版、どちらを使うか

パソコン用のOutlookには、2種類のバージョンがあります。Webブラウザー上で動くブラウザー版と、パソコンにインストールして使うクライアント版です。

ブラウザー版とクライアント版のどちらを使用しても大きな差はありませんが、以下の観点からブラウザー版をお勧めします。

◆ ブラウザー版のメリット

- ■ ショートカットキーが簡略化されている（P.64参照）
- ■ タブを使って複数同時に利用できる

私はOutlookのメールと予定表を同時に立ち上げて使っています。さらに、共有メールボックス（第7章）を開くことも多いため、ブラウザー版を使用しています。

複数の機能を同時に立ち上げない場合や、従来のショートカットキーに慣れている人はクライアント版を使うとよいでしょう。クライアント版も設定を変更することでブラウザー版と同じ簡略化されたショートカットキーを使用できます。

■ ブラウザー版Outlookを起動する

ブラウザー版OutlookはWebブラウザー上で使用できます。以下のURLから立ち上げてみましょう。

◆ ブラウザー版OutlookのURL

https://outlook.office.com/mail/

ブラウザーはどれを使用してもかまいませんが、Windows 11の標準ブラウザーであるEdgeが相性の点で優れています。

CopilotはOutlookとも連携できますが、有料のため使用していない人も多いと思われます。Edgeに搭載されているCopilotを使用すれば、有償版に近い作業を無料で行うことが可能です。ブラウザーに関してこだわりがなければ、Edgeを使用することをお勧めします。

Edgeで新しいタブを追加し、表示された画面にある［アプリ起動ツール］❶-［Outlook］❷からブラウザー版のOutlookを起動できる。また、Edgeなら右上のCopilotアイコン❸からCopilotのチャット画面も表示できる

■ クライアント版Outlookを起動する

　クライアント版はスタートメニューからOutlookのアイコンをクリックするか、タスクバーの検索ボックスに入力して「Outlook」と入力❶し、Outlookのアイコンをクリック❷して起動します。

　Outlookのアイコンを右クリックし、［タスクバーにピン留めする］をクリック❸すると、タスクバーにOutlookを起動するためのアイコンを配置できます。Outlookは使用頻度が高いアプリなので、必ず登録しましょう。

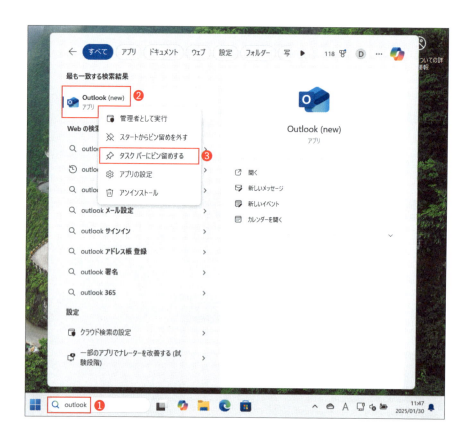

03 優先受信トレイとスレッド表示はオフにする

■ 優先受信トレイとは

優先受信トレイは受信したメールの重要度を自動で判断し、[優先]と[その他]の２つのトレイに自動で振り分ける機能です。**優先受信トレイは初期設定ではオンになっていますが、３つの問題を抱えています。**

◆ 優先受信トレイの問題
- 大切なメールが[その他]のトレイに紛れ、発見が遅れる
- メールが受信時間順に表示されなくなる
- ２つのトレイを見る必要があり、作業が増える

メールの見逃しに寛容な海外では、相手からメールの返信がない場合は催促のメールをもう一度送る、という程度で大きな問題とはなりません。海外では、その他のトレイに入ったメールを読まないことで効率化をしているのです。

ただ、作業の正確性を重視する日本では、その他のトレイに入ったメールを読まないことは容認されません。「メールの見逃しが多い＝重要な仕事を任せられない」と判断されてしまいます。こうしたリスクを回避するため、**優先受信トレイは必ず設定をオフに変更しましょう。**

初期設定では[優先]トレイと[その他]トレイが表示❶される。メールを自動で振り分けてくれる便利な機能だが、メールを見逃してしまう可能性もある

■ 優先受信トレイをオフにする方法

　Outlookの設定画面は、画面右上にある歯車アイコン❶をクリックすると開きます。

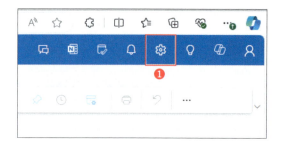

　これがOutlookの設定画面です。ここで、[メール]❷-[レイアウト]❸-[メッセージを分類しない]❹-[保存]❺の順にクリックして設定します。

■ スレッド表示とは

　もう1つ、オフにする必要があるのがスレッド表示です。スレッド表示は、似た件名のメールをまとめる機能です。Outlook以外の多くのメールアプリにも搭載され、使用している人も多い機能です。

スレッド表示❶は関連したメールをまとめてくれるが、受信順にメールが表示されないため、受信したメールを見失うなどの問題もある

便利な機能にも思えますが、スレッド表示には以下のような3つの問題を抱えています。

◆ スレッド表示がかかえる3つの問題
- 件名が似ているというだけで無関係なメールがまとめられ、行方不明になる
- メールが受信順に表示されなくなり、対応が遅れる
- すべてのメールを読む際にキー操作、マウス操作が必要になる

スレッド表示がオンの状態では、まとめられたメールは左に［>］アイコンが表示されます。これをマウスでクリックするか、キーボードの→キーを押すと、まとめられたメールを開いて読むことができます。

しかし実際は、スレッドを開く操作を忘れる人が多く、重要なメールを見逃す事故が多発しています。優先受信トレイと同様、スレッド表示もオフに変更しましょう。

スレッド表示ではまとめられたメールを表示するために［＞］をクリック❷しなければならず、操作の手間が増えてしまう

■ スレッド表示をオフにする方法

P.30を参考に、右上の歯車アイコンから設定画面を開きましょう。［メール］❶-［レイアウト］❷-［メールを個別のメッセージとして表示］❸-［保存］❹の順にクリックすればスレッド表示をオフにできます。

32

> アップグレード　↑↓キーだけでメールを読める

　優先受信トレイとスレッド表示をオフにすることで、メールを読む際の操作が大幅に簡略化されます。以下のようにいずれかのメールが選択されている状態でキーボードの↑キーと↓キーを押してみましょう❶。選択したメールを閲覧ウィンドウ❷に表示できます。

　すべてのメールを読む場合、通常はマウスでの複雑な操作が必要です。それが優先受信トレイとスレッド表示をオフにした場合、↑↓キーだけですべてのメールを読めるようになります。

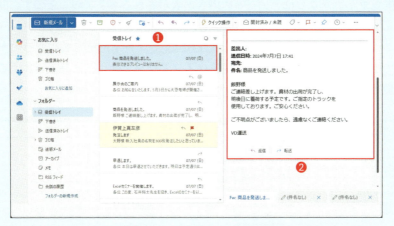

優先受信トレイとスレッド表示をオフにすれば、キーボードの↑↓キーで受信メールをチェックしやすくなる。特にスレッド表示は→キーを押す必要がなくなり、スピードアップを期待できる

04
効率を上げる
レイアウトに変更する

■ 閲覧ウィンドウは右に表示する

　閲覧ウィンドウとは、メールの内容が表示されるエリアのことです。閲覧ウィンドウの表示位置は、［右側］［下側］［閲覧ウィンドウを表示しない］の3つから選択できます。新しいOutlookでは表示位置を右にするのが最適です。従来のOutlookでは、閲覧ウィンドウを下側または非表示にするのが最適でしたが、新しいOutlookで大きく変わった部分です。

新しいOutlookでは閲覧ウィンドウ❶を右に配置するとメール処理の効率がアップする

　新しいOutlookでは、メッセージウィンドウから［次のメール］と、［前のメール］が削除されました。これによりメッセージウィンドウで複数のメールを高速で読むことが困難となりました。メッセージウィンドウはメールを書くときに限定して使うとよいでしょう。

メールをダブルクリックして表示できるのがメッセージウィンドウ。新しいOutlook（左）では、従来のOutlook（右）にあった［前のアイテム］［次のアイテム］❷が廃止され、高速でメールを読むのには適さなくなっている

　新しいOutlookでは、閲覧ウィンドウはメールを読む際に使う、最も重要なエリアへと変化しました。そのため、広く使えるように、右側に表示する必要があります。

■ 閲覧ウィンドウの表示位置を変更する

　閲覧ウィンドウの表示位置の変更は、設定画面から行います。P.30を参考に、右上にある歯車アイコンをクリックして設定画面を開いたら、［メール］❶-［レイアウト］❷-［右側］❸-［保存］❹の順にクリックしましょう。

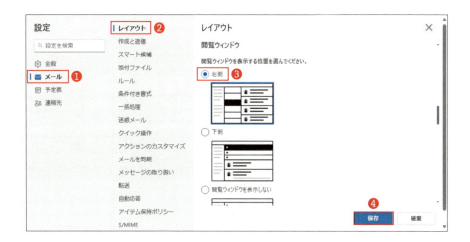

35

■ To Doと予定を素早く確認する

　閲覧ウィンドウを右側に表示した場合に影響を受けるのが、2024年に追加された新機能［今日の予定］です。［今日の予定］は、直近1週間の予定やタスクを表示する機能です。

　メールで会議などのスケジュール調整を行うとは多いですが、［今日の予定］では同じ画面上に直近の予定を表示できます。Outlookをメール画面から予定表画面に切り替え、さらにメール画面に戻る場合、5秒程度の切り替え時間が発生します。［今日の予定］を使えばこの読み込み時間をゼロにできます。

　従来のOutlookには「Outlook Today」という［今日の予定］に類似した機能がありましたが、新しいOutlookでは、予定とTo Doがワンボタンで確認できるように改良されています。予定を確認したいときだけサッと表示する、という使い方ができるようになりました。

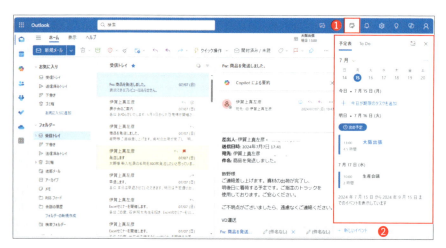

［今日の予定］❶をクリックすると、予定表とTo Doが表示❷できる。必要に応じて表示／非表示を簡単に切り替えられる

05

定型文は署名として登録する

■ 署名を活用して入力を効率化する

　次に、署名の設定を活用した効率化について解説します。新しいOutlook
では、従来のOutlookで存在した、長文入力を効率化するクイックパーツと
定型句の機能が削除されています。そのため、新しいOutlookでは従来、「ク
イックパーツや定型句を用いて行っていた長い定型的な文言の入力」を、署
名の機能で代用する必要があります。署名の重要度が従来よりも高くなった
のです。

■ あいさつなどもすべて署名に入れる

　署名の機能を用いて入力を効率化するためには、いわゆる署名（所属や連絡
先）以外の部分も署名として登録することが有効です。
　毎回入力する定型的なあいさつや自分の名前は、すべて署名に含めましょ
う。

　署名の機能を使うと、丁寧で長いあいさつも自動で入力できます。ただ、
考えなくてはいけないのが、相手がそのあいさつを読みたいと思っているか
どうかです。現代のビジネスは過去とは比較できないほどに高速化していま
す。丁寧で長いあいさつは高速化の妨げとなります。メールの効率化は、
メールを書く人の効率化だけでなく、読む人の効率化を同時に考える必要が
あります。毎回同じあいさつをするのであれば、それは時間の無駄そのもの
です。

　メールにはあいさつを書かない、というのが選択肢の１つです。あいさつ
を入れる場合、自分の名乗りを合わせて、1行以内に収めるのがベストでしょ
う。

第２章　日本の商習慣に最適化した設定に変更する

署名の効率化でもう1つ重要なのは、区切りの横棒の長さです。署名は上下に横棒を入れるのが一般的ですが、この横棒の長さは全角文字で30文字前後としてください。

　メールの本文は、30文字から35文字を目安に改行するのがマナーとされています。メールを書く際、1行が何文字になっているか、毎回数えていたら時間の無駄です。署名の横棒の長さを全角30字前後にして、それより長いか短いかで長さを判断し、 Enter キーで改行しましょう。

◆ 効率化を目的とした署名の例

お世話になります。OG商店の石川義男です。 ❶

以上

＝＝＝＝＝＝＝＝＝＝＝＝＝＝＝＝＝＝＝＝＝ ❷
OG商店
業務部　石川　義男
〒123-4567 住所：東京都1-2-3
TEL：01-1111-1111
E-mail：ishii-o@example.co.jp

あいさつと名乗りを1行以内❶にする。横棒は全角30文字前後❷にし、改行の目安にする

■ 署名の設定を行う

　署名の設定は設定画面から行います。P.30を参考に画面右上の歯車アイコンをクリックし、設定画面を開きましょう。［アカウント］ ❶-［署名］ ❷をクリックします。［メールの署名］に署名の名前❸、その下の署名本文❹の部分に署名を入力、［保存］ ❺をクリックして設定完了です。

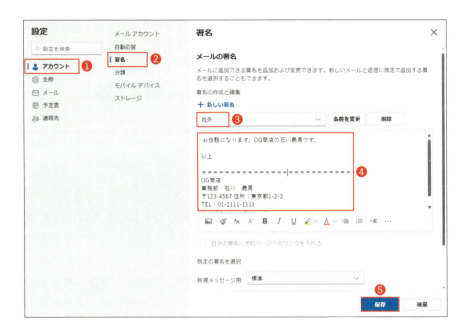

先ほどの画面を少し下にスクロールさせると、新規メールと返信／転送メールで使用する署名の指定ができます。返信／転送メールは新規メールよりも短い署名を使うようにしましょう。メールを送ってきた相手はこちらの連絡先を当然知ったうえで連絡しています。こちらの連絡先を丁寧に書く必要はありません。

署名の編集画面では新規メール用と返信／転送メール用の署名を分けて保存❻できる

39

06

相手が激怒？
本文の書式を使い分ける

■ メール本文には2つの書式がある

　メール本文には、HTML形式とプレーンテキスト形式の2つの書式が存在します。現在は文字の装飾にURLリンクを含めることができるHTML形式がポピュラーになりつつあります。しかしウイルス感染やメール容量が大きくなる問題から、近年までHTML形式の使用を禁止していた企業も多く、不用意に使用すれば非常識な人と判断されるなど、大きなトラブルになることがあります。それぞれの形式の特徴を理解し、正しく使い分ける必要があるのです。

■ 高度な装飾を行えるHTML形式

　HTMLは、ハイパー・テキスト・マークアップ・ランゲージの略です。マークアップ・ランゲージとは、文書を構造化し、装飾する際に使用する言語です。HTMLは主にWebサイトを作成する際に使用します。Outlookではこのを本文の装飾に使用します。

◆ HTML形式のメリット
- 文字の装飾を行える（色、太さ、フォントなど）
- 画像や図を含めることができる
- ＵＲＬにリンクを設定できる

◆ HTML形式のデメリット
- 文字のみの場合でもメールの容量が数倍に増える
- ＵＲＬリンク等からウイルスに感染するリスクがある
- フォントの装飾に時間がかかり、メールを書く作業効率が下がる場合がある

- 受け取った相手の環境によっては表示が崩れ、読めないことがある

　以前はHTML形式の使用を禁止する企業すらありました。ただ近年、スマートフォンからのメールはHTML形式になっていることも多く、HTML形式を嫌う企業は減っています。HTML形式を標準と定めている企業も増えています。

　特に法律や契約関連の仕事では、「この言葉を変更してほしい」と文字の色を変えて説明しますので、HTML形式の使用が必須です。

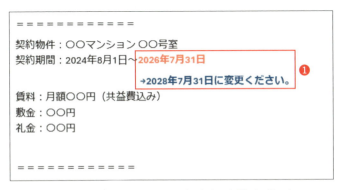

HTML型式を使うと、文字色を変えるなどの書式設定 ❶ が可能になる

■ 簡素なのがメリットのプレーンテキスト形式

　日本で多くの人が使用しているのがプレーンテキスト形式です。

◆ プレーンテキスト形式のメリット
- メールの容量が数分の1になる
- ウイルス感染のリスクが無い
- 文字の装飾ができないため、短い時間で書ける

◆ プレーンテキスト形式のデメリット
- 文字の装飾を行えない
- 画像や表を含めることができない
- URLにリンクを設定できず、会議の招待リンクが使えない

■ どちらの書式を使うか

　HTML形式とプレーンテキスト形式のどちらが適しているかは、企業や業界によって異なります。周囲の関係者がどちらの形式を使っているかを確認し、同じ形式を使うのが最もトラブルが無い方法です。
　一般に、文字の装飾や写真や表での説明を多用する業界ではHTML形式が使われますが、装飾が無い文字だけのやり取りが多い業界ではプレーンテキスト形式が優れています。

　私は仕事柄、幅広い業界の人と仕事をしています。どちらを使うか判断に迷った場合は、トラブルが発生する確率が少ないプレーンテキスト形式を使うとよいでしょう。

■ 本文の書式の設定方法

　本文の書式の設定は、設定画面から行います。P.30を参考に画面右上の歯車アイコンをクリックし、設定画面を開きましょう。

［メール］❶→［作成と返信］❷→［メッセージを●●形式（HTMLもしくはプレーンテキスト）で作成する］❸→［保存］❹の順にクリックしてメール形式を変更する

07

送信の取り消しは必ず設定する

■ 誤送信防止の切り札「送信の取り消し」とは

　送信の取り消しは、送信ボタンを押した後、最大10秒間メールの送信を保留する効果があります。この設定を行うと、メール送信時に［元に戻す］が最大で10秒間表示され、このボタンをクリックすると送信が取り消されます。

［送信の取り消し］機能を使うと、送信後、一定時間表示される［元に戻す］❶ でメールの送信を取り消せる

　Outlookは、メールの送信時に確認メッセージが表示されず、いきなりメールが送信される、危険な仕様となっています。メールが完成する前に思わず送信してしまい、そのまま誤送信となるケースが多発しています。

　メールを送信するショートカットキーは Ctrl ＋ Enter キーです。Ctrl キーも Enter キーもよく使うキーなので、意識せずに押してそのまま誤送信となるケースも多いです。そんな私もこの送信の取り消し機能のおかげで、年に数回は誤送信を防止できています。非常に効果が高い機能なので、必ず設定しておきましょう。

■ 送信の取り消しを設定する方法

　送信の取り消しは、P.30を参考に設定画面を表示して［メール］❶-［作成と返信］❷-［送信の取り消し］を最大の10秒に設定❸-［保存］❹の順にクリック、という手順で設定します。

　送信の取り消しの設定は、誤送信をした後に行っても意味がありません。未設定の場合は今すぐ、必ず設定しましょう

08

BCCを表示して
個人情報漏えいを防ぐ

■ BCCとは？

　BCCは、一斉メールを送る際、同報する他の送信先のメールアドレスを知られることなく送るための機能です。互いにメールアドレスを知らない複数人にメールを送る場合、必ずBCCで送る必要があります。そうしないと、個人情報であるメールアドレスの漏えい事故となります。

　メールの送り先の指定方法には、To、CC、BCCの3種類があります。それぞれの違いや用途は以下の通りです。

◆ 宛先（To）、CC、BCCの違い

宛先（To）	メールを読んで対応してほしい人
CC	メールを読んでほしいが、対応は不要な人
BCC	ほかの受信者にメールアドレスがわからないように送る人

新規メール作成画面では宛先（TO）、CC、BCCの順❶に宛先を入力できる

■ 大規模誤送信の事例

　大規模なメールの誤送信で多いのが、BCCで送るべき相手をToやCCで送り、大量の個人情報が流出するケースです。実際の事例を見てみましょう。

　まずはBCCに関連する、実際に発生したメール誤送信の事例を解説します。

◆ BCCを使わなかったことに起因する情報漏えいの事例
- 公的団体が約1,000人の「メールアドレス＋名前＋ID」をToで送信
- 公的団体が約400人のメールアドレスをCCで送信。国会でも問題になる
- 公的団体が約300人の受験者のメールアドレスをToで送信

　1件、2件のメール誤送信でも十分問題です。100件、1,000件単位の誤送信は冷や汗が出ます。なぜこういった大規模な誤送信、個人情報漏えいが発生してしまったのでしょう？　その原因を考えてみましょう。

■ 考えられる大規模個人情報漏えいの原因

　1件2件でも誤送信はいけませんが、ケアレスミスもありえます。人間ですから一定の頻度では発生するものです。ただ、100件を超える大規模誤送信となると、ケアレスミスという理由では説明になりません。こうしたミスで考えられる原因は、次の2つです。

◆ 大規模メール誤送信の原因
- メールアドレスが個人情報であるという認識が無い
- BCCの機能を知らない

　つまり、ケアレスミス以前に、問題がある行為であると知らずに行っている可能性が高いのです。

近年、就職活動で初めてメールを使った、という人が増えています。皆さんもビジネス以外の情報伝達のほとんどをSNSで行っていないでしょうか。しかし、LINEなどのSNSではメールアドレスのような概念も、BCCという機能も存在しません。

もう1つ、こういった誤送信の原因になっていると考えられるのが、OutlookではBCCが隠し項目となっており、初期設定では表示されていないという問題です。画面に表示されないのですから、知らなくても無理はありません。

もしBCCを初めて知ったという人は、この機会にOutlookの設定を変更し、BCCが表示されるようにしておきましょう。

■ BCCを表示する方法

BCCを表示するには、設定画面から行います。P.30を参考に画面右上の歯車アイコンをクリックし、設定画面を開き、以下を参考に設定します。

［メール］❶-［作成と返信］❷-［BCCを常に表示する］❸-［保存］❹の順にクリックすると、BCCが表示されるようになる

column

外部モニターの導入で効率アップ

　P.36で解説した［今日の予定］を使用する場合、ノートパソコンの狭い画面では窮屈になります。ノートパソコンを使っている人は、オフィスでは外部モニターに接続して2画面化すると、効率的にOutlookを使用できます。業務効率化という点で費用対効果が大変高い機器です。積極的に使用しましょう。

　外部モニターを接続して使う場合、設定を［表示画面を拡張する］に変更しましょう。2つのモニターに別々のアプリを立ち上げ、同時に表示できるようになります。OutlookとExcelを同時に開くなど、作業効率の大幅なアップを期待できます。

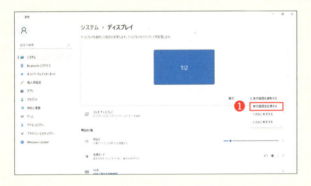

設定画面で［システム］-［ディスプレイ］の順にクリックすると外部ディスプレイを設定可能。［表示画面を拡張する］❶で2つのモニターに別々のアプリを表示できるようになる

外部モニターを使うことで、Outlookを表示したまま、ExcelやWordのアプリを使えるようになり、作業の効率が大きくアップする

第 **3** 章

効率化の考え方と手法を学ぶ

ここではメール業務を効率化するうえで重要な「インボックス・ゼロ」「ディープ・ワーク」などの考え方を解説します。海外では業務をいかに効率化するか、科学的に研究されており、その結果として生み出された業務効率化手法がインボックス・ゼロやディープ・ワークです。これらはOutlook上で応用でき、考え方を知っておくだけでより快適に、より効率的に使うことができます。

01
インボックス・ゼロを学ぶと Outlookが楽になる

■ インボックス・ゼロの考え方

　第3章ではメール業務を効率化するうえで重要な、インボックス・ゼロ、ディープ・ワーク、マウスレスなどの考え方を勉強します。これらの考え方を理解するだけでOutlookの効率を大きく向上できます。またこれらの考え方は、WordやTeamsなど他のアプリや、パソコン以外の仕事の効率化にもつながるのでぜひ実践してください。

　メールはビジネスにおいて、最も重要なコミュニケーションの手段の1つです。しかし日々届く大量のメールは多くの人々にとって、大きなストレス源ともなっています。解決する手法として海外を中心に注目を集めているのが、インボックス・ゼロです。

　インボックス・ゼロ（受信トレイ・ゼロ）は、受信トレイ内のメールを極力少なくすることでメールを管理しやすくする手法です。受信トレイ内のメールを一定のルールで処理し、アーカイブなど別の場所に移動させます。

インボックス・ゼロでは処理が終わったメールをアーカイブに送るか、ごみ箱に送るのが基本的な考え方となっている

　この手法の最大のメリットは、精神的な負荷が軽くなる点です。受信トレイ内に数百、数千といった大量のメールがあると、見ただけで気が滅入りませんか？　受信トレイ内のメールを極力減らし、行わなくてはいけない仕事を極小化、見える化することで、精神的な負荷を大きく下げられます。

インボックス・ゼロのもう１つのメリットは、操作が簡単である点です。行うのはアーカイブに送るという作業だけ、ショートカットはEキー（ブラウザー版）もしくはBack spaceキー（クライアント版）という１つのキーを押すだけで行えます。

■ メールに対して行う４Ｄメソッド

インボックス・ゼロの基本は、メールを「削除する（Delete）」「実行する（Do）」「転送する（Delegate）」「保留する（Defer）」の４つのルールを使い整理することです。この方法を取り入れることで、処理の追い付かないメールがあふれることを防ぎ、重要なメールに集中することが可能になります。

◆ インボックス・ゼロの４Ｄメソッド

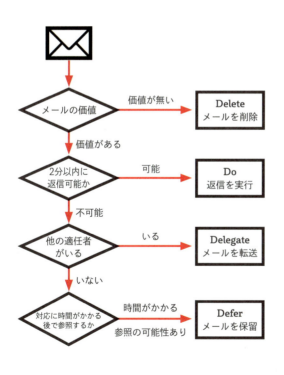

- 削除（Delete）：メールに価値があるかを判断する。価値があれば次の３つのいずれかを行う。価値が無い場合は削除する。
- 実行（Do）：２分以内で返信できる場合、すぐ返信する。対応の優先順位は付けずに処理する。
- 転送（Delegate）：自分より適した担当者がいる場合、その担当者にメールを転送する。
- 保留（Defer）：すぐに対応する必要が無いが、後で参照する可能性のあるメールは、特定のフォルダーに移動させる。

第３章 効率化の考え方と手法を学ぶ

４つのルールは、数時間に１回の頻度で、受信トレイ内の全メールに対して実行します。１つのメールに対して、４つのルールのいずれか１つを適用します。

　通知をオンにして、常時メールをチェックする、ということはインボックス・ゼロでは推奨されていません。これはメールを処理する時間と、メール以外の仕事を処理する時間を分離し、それぞれ集中するためです。
　類似した仕事をまとめて行うことで作業を効率化する手法を「タスクバッチング」と呼びます。精神的ストレスや作業ミスの低減、作業効率の向上を期待できます。「インボックス・ゼロ」は「タスクバッチング」の手法を取り入れているのです。

■ 重要度に応じたメールの処理をしない

　インボックス・ゼロではメールを処理する際に重要度を考慮していません。メールが重要であるかによらず、「今、処理できるか」を基準に処理します。これにより、「このメールは重要か」と悩む必要が無くなります。また重要なメールがあるために、他のメールが長時間放置されることも無くなります。

■ 無意味なメールの保留をしない

　例えば上司から指示のメールが届いたとします。すぐにそのメールに返信すると、「暇なのではないか」「良く考えないで返信しているのではないか」と判断されることを心配し、「２時間後に返信するのが最適」といった調整をする人がいます。インボックス・ゼロではそういった調整は行わず、その都度、処理可能なメールは処理してしまいます。

　「２時間後に返信しよう」と考え、忘れてしまった経験はないでしょうか？
　その都度メールを処理すれば、忘れる心配はありませんし、２時間の間、メールのことを頭の片隅に残しておく必要も無くなり、精神的な負荷が下がります。

無意味な保留を行わないもう1つの理由は、仕事を効率化し、相手からの評価を上げるためです。1日後に返信をくれる相手と、数分後に返信をくれる相手では、一緒に仕事をするとしたらどちらがよいでしょう？　返信を早くするだけで、相手からこちらへの評価を上げることができます。

アップグレード　現代のビジネスに最適化して使うには

　インボックス・ゼロは効率的なメール管理の手法です。しかしこの手法が考案されたのは2007年とされており、15年以上経過した現在では状況が変化している部分もあります。SNSやチャットツールの普及、ビジネスの高速化などです。経営者の堀江貴文さんはテレビの生放送中にもスマートフォンを操作し、メールで指示を行っているそうです。かなり極端な事例ですが、こうした効率化が必要なくらいに現在のビジネスは高速化しています。インボックス・ゼロだけでは現代のビジネスにおいて完全には対応できなくなっています。

　ただ、インボックス・ゼロを超える新たな手法があるわけでもありません。そこで私は、インボックス・ゼロを自分なりにアレンジし活用しています。

◆ 筆者独自のアレンジ
- プログラミングなど集中力が必要な仕事を行っているときを除き、5分間に1回メールをチェックする
- 保留メールは「お時間をいただきたい」とメールを送り、そのうえで受信トレイに入れたままにする
- 紙のメモや電話、Teamsでの依頼などは自分宛にメールし、すべてのタスクをメールに一元化する

　保留メールを保留フォルダーに移動させずに受信トレイに入れたままにするのは、保留フォルダーに数百のメールがあふれた経験からです。これらはあくまで私の独自アレンジです。自分に適したアレンジを探してみてください。

02

フォルダー分けに頼らない
メール管理のススメ

■ インボックス・ゼロではフォルダー分けは行わない

　インボックス・ゼロの手法では、作業に使うフォルダーは基本的に2つだけです。届いたメールは受信トレイに入り、処理が終わったメールをアーカイブ（もしくはごみ箱）に送ります。

　メールの管理手法としてフォルダー分けを用いる人はとても多いです。中には100個以上のフォルダーを作り、メールを管理するという人もいます。

100ものフォルダーに分けて管理している例。一見、事細かに管理されているように見えるが、自動振り分けを使ったとしてもメールの見逃しや検索に時間がかかってしまう

ここで考えてもらいたいのが、フォルダー分けにかかる時間と労力です。フォルダーを作成し、適切なフォルダーにメールを振り分ける作業は、実際の業務に割くべき時間を奪ってしまいます。また、フォルダーが増えすぎると、どのフォルダーにメールを振り分けたかを忘れてしまい、結局メールを探すのに時間がかかることもあります。

　そもそも、何を目的にメールをフォルダー分けしているのでしょうか？　後からメールを探しやすくするためでしょうか？　一度読んだメールを後日、もう一度読む確率はどの程度でしょうか？　1%もあるでしょうか？　仮に後からメールを探す目的でフォルダー分けをしているのなら、フォルダー分けに要する時間の99%は無駄な時間といえます。

　インボックス・ゼロの手法では、メールを迅速に処理してアーカイブすることで、受信トレイを極力、空に保つことが目標です。これにより、メールの管理がシンプルになり、重要なメールの見逃しも減り、心理的なストレスも軽減します。フォルダー分けに頼らず、シンプルな管理方法を心がけましょう。

■ フォルダー分けが必要なメールもある？

　インボックス・ゼロではフォルダー分けでのメール管理は推奨されません。ただ、ビジネスではフォルダー分けの管理が有効なメールも一部には存在します。発注メールなどの、1件の処理漏れや二重処理も許されない厳密に管理したいメールです。

　私が担当しているようなコールセンターを兼ねる事務職場では、1件の注文メールの見逃しが致命傷となります。当日何件の注文メールが届き、その内の何件を処理し、何件が保留されているか、厳密に管理する必要があります。その場合はフォルダー分けによる管理が有効です。

　ただ、フォルダー分けによるメールの管理も完璧ではありません。重要な注文メールが他のフォルダーに入り、行方不明になるケースもあります。処理が完了していない注文メールを処理完了のフォルダーに入れてしまい、そ

のまま処理漏れとなるケースもあります。フォルダー分けによるメールの管理は、作業ミスのリスクが高く、厳密に進行状況を管理したいメールに対して使うのは本来、適していません。

　より有効なメール管理の手段は共有メールボックス（第7章）です。これは特定業務専用の新規メールアドレスを作成する機能です。Microsoft 365 のサービスに加入している場合は追加料金無しで、メールアドレスを作成できます。

◆ 共有メールボックス（第7章）の特徴
- 送受信が可能
- メールの移動や削除が可能
- 複数人での共同作業に向く

　どちらも大変効果が高い機能なのでぜひ活用してください。共有メールボックスを活用する前提なら、フォルダー分けでの管理が必要なメールはほぼ無いといえます。詳しくは第7章で解説していきます。

03

集中力を高め、仕事の効率を
5倍に高めるディープ・ワーク

■ ディープ・ワークを実現する環境の整備

ディープ・ワークは、高い集中力を維持することで、仕事や学習の効率を高める手法です。スポーツ界などでもゾーン、フローなど、集中力を高めることで高い成果を出す手法が広く知られています。

マッキンゼーの調査では、集中力を高める「フロー」と呼ばれる状態を作ることで、仕事の効率を5倍に高められることがわかっています（Mckinsey & Company「Increasing the 'meaning quotient' of work」https://www.mckinsey.com/capabilities/people-and-organizational-performance/our-insights/increasing-the-meaning-quotient-of-work）。ディープ・ワークを行うためには、環境の整備が重要です。

◆ ディープ・ワークに必要な環境

■ 静かな場所

極力雑音が聞こえない場所で行いましょう。周囲の音や声が聞こえる場所は適していません。テレワークなども活用し、静かな環境を探しましょう。

■ 電子機器は極力オフ

電子機器は人間の集中力を落とします。スマートフォンは必ずオフにしましょう。パソコンのモニターの光や画面の動きも、人間の集中力を下げることがわかっており、オフにするのが望ましいとされます。テレビやラジオは必ず止めましょう。

■ 外部とのコミュニケーションを遮断する

電話やメール、SNSなど、外部からの通信は集中力を下げる要素で

す。一切の情報を遮断しましょう。

- 快適な座り方ができる机と椅子
  集中力を高めるには座り方が重要です。「椅子が硬い」と言い残して転職したITエンジニアもいたそうですが、集中力を要する仕事の場合、椅子や机は重要な要素となってきます。

ディープ・ワークは通常1日1時間程度、慣れている人でも4時間程度が限界とされています。仕事の効率を高めるには、ディープ・ワークの時間を極力長くできるように練習を行いましょう。

■ メールの処理はシャロー・ワーク

ディープ・ワークの反対は、シャロー・ワークです。日常的なタスクや、集中力を要さない簡単な仕事を指します。メール処理も多くがシャロー・ワークに分類されます。ディープ・ワークは1日数時間が限界なので、それ以外の時間がシャロー・ワークの時間になります。

インボックス・ゼロでは数時間に1回、受信したメールをまとめて処理することを推奨しています。これはディープ・ワークと密接に関わっています。集中して作業をしているときにメールや電話が来たとします。メールに返信した後や電話を切った後に、「自分がさっきまで何をしていたか」、一瞬わからなくなってしまうことはよくあります。研究では、人間の集中力がメールや電話で中断した場合、元の集中力に戻るのに約23分という非常に長い時間が必要とわかっています。ディープ・ワークを行う際、外部との通信を遮断するのはこれが理由です。

海外の企業ではディープ・ワークが大変重視されています。オフィスの構造も個室が多く、大部屋も高いパーティションで区切り、隣の人の動きや声が伝わりにくくしています。瞑想ルームを用意する企業もありますが、瞑想は外部からの情報を抑え、集中力を高める手法で、ディープ・ワークに非常に近い考え方です。

これらに対して、日本のオフィスは集中力を要さずに誰でもできる仕事、シャロー・ワークの効率化に特化しすぎています。

　近年日本でもIT企業を中心に、社員の机を公開する例が増えています。ITエンジニアは集中力が必要な仕事で、ディープ・ワークが可能な環境が整っている、というアピールでもあります。優秀な人材の確保や、仕事の成果が出ずに困っている企業は、ディープ・ワークが可能な環境作りを検討してみるとよいかもしれません。

アップグレード　フォーカスセッションに切り替えて通知を止める

　多くの著名人がディープ・ワークを実践していますが、その代表はマイクロソフト創業者のビル・ゲイツです。彼が行っているのは『Think Week(考える週)』です。半年に1回、1週間山にこもり、外部からのノイズを完全に遮断して思考を整理します。

　マイクロソフトのオフィスはディープ・ワークを行いやすいように工夫されていますし、Windowsにも機能として取り込まれています。フォーカスセッションがその機能で、パソコンのあらゆる通知をオフにします。

　ディープ・ワークは集中力を高め、高度な仕事を行いたいときや、勉強の効果を高めたいときに使用します。例えば経営の戦略を練る、プログラムを作る、重要な会議の資料を作る、といった作業がディープ・ワークに適しています。

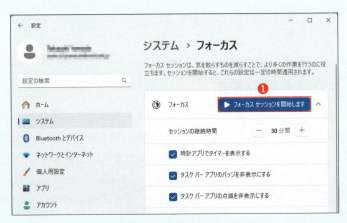

集中モードへの切り替えは、Windowsの設定画面から行う。［システム］-［フォーカス］と進み、［フォーカスセッションを開始します］❶をクリックする

第3章　効率化の考え方と手法を学ぶ

04

「了解」で十分！
即返信でビジネスを高速化する

■ ビジネスで広がる1行だけのメール

　ビジネスの世界では速度が重要です。一般的にメールは「２４時間以内の返信」がマナーとなっていますが、近年はその速度でも対応が困難なシーンが増えています。そこで、1行だけのメールの活用が進んでいます。

　1行だけのメールは、相手の名前や自分の名前も省略したメールのことです。本文も『承知しました』『かしこまりました』といった最小限の言葉のみとします。ここ10年ほどで広がった新しい手法で、背景にはSNSの普及によりその手法がメールにも導入されたと考えられます。

　メールは相手のアドレスがわかるので、誰が、誰に対して送ったのかを書く必要が無いといえます。特に返信メールに関しては、誰が、誰に対してメールを送ったかが明確なので、お互いの名前を書く必要性は非常に少ないと考えられます。

■ 重要なのは返信の早さ

　1行だけのメールは、使い方を誤ると相手から失礼と判断される可能性があります。重要なのは、返信までの時間です。例えば、受信の３日後に「承知いたしました。」というメールが届いたとしましょう。相手が不快な気持ちになっても不思議ではありません。その一方で、受信の10分後に「承知しました。」という返信が来たらいかがでしょう。相手は反応が早い人、という良い印象を持つことになるでしょう。

■ ときどき、感謝の言葉も添える

1行だけのメールを書く際、相手への感謝の言葉を一言添えると、温かみがあるメールになります。「承知いたしました。ありがとうございます！」「了解！　お疲れ様です」と、何文字か加えるだけで印象が大きく変わります。毎回同じ言葉を添えると効果が薄れますので、通常は「了解いたしました。」のみとし、ここぞといった場面で「ありがとうございます！」などの短い感謝の言葉を付け加えるとよいでしょう。

最近は「了解」「りょ」「り」のように、1行を超える、数文字だけ、1文字だけのメールも使われるようになっています。いずれは、こうしたメールも一般的になるのかもしれません。

■ 1行だけのメールの真の目的はビジネスの高速化

ベンチャー企業などで1行だけのメールが広がっていますが、その真の目的はビジネスの高速化にあります。現代のビジネスは各業界で生き残れるのは1人のみ、と呼ばれるほど厳しくなっています。生き残る1人は、誰よりも速く、遠くまで走った人です。ベンチャー企業では生き残る1人になるため、こういった手法で自分たちのビジネスを高速化しています。

1行だけのメールと返信の早さは、ビジネスの高速化以外に人間関係の円滑化、という別のメリットもあります。相手からの返信が早い場合、受け取った相手は「あの人は自分との仕事を大切に思ってくれている」と感じ、楽しい気持ちで仕事に取り決めるようになります。これにより相手から自分への評価を高める効果も期待できます。

◆ メールの返信を早くすることで生まれる効果
- コミュニケーションの円滑化
- 信頼関係の構築
- 生産性の向上
- モチベーションの向上

05

マウスレスだけで
毎日27分を創出できる

■ 残業時間が半減？　驚くべきマウスレスの効果

　近年、業務効率化を目的としたマウスレスでの操作が注目されています。背景には、働き方改革で残業時間の短縮が求められるようになったことと、テレワークの普及で、マウスが無い環境での作業が増えたことが考えられます。

　私はある事務職の現場で、1時間に何回マウスに触るかを計測したことがあります。10人を計測し、1時間にマウスを触る回数は平均で約100回でした。1日8時間として、毎日800回マウスを触っている計算になります。その作業をキーボードで置き換えた場合、どの程度の時間短縮になるでしょうか。

◆ マウス操作の有無で変わる操作時間

操作	時間
マウスに触り、再びキーボードに指を戻す時間	2.5秒／回
キーボードでショートカットキーを押す時間	0.5秒／回

　このように、マウスでクリックする作業をキーボードのショートカットキーに置き換えた場合、2秒／回の効率化を実現できます。

◆ 1日800回マウスを触ると仮定し、ショートカットキーに置き換えた場合の効果

　2秒×800回＝1,600秒≒27分

なんと、毎日２７分という大きな効率改善になります。日本企業の平均残業時間は１日１時間程度とされていますので、マウス操作を無くすだけで残業時間が半分になるインパクトがあるのです。

ショートカットキーは誰でも短時間の勉強で習得できるうえ、業務効率の改善効果がとても高いといえます。業務の効率化に悩んでいる場合は、まずはショートカットキーから取り組む方法をお勧めします。

■ 目指すべきはノーマウスではなくマウスレス

ショートカットキーは単に作業効率を上げるだけでなく、腕や指の移動が減ることで腱鞘炎などの予防という面でも効果を期待できます。

効果が大きいショートカットキーですが、Outlookには50を超えるショートカットキーがあり、それをすべて暗記するのはほぼ不可能でしょう。実際にはOutlookだけでなく、Word、Excelなど他のアプリのショートカットキーも同じように習得する必要があり、すべてのショートカットキーを覚えると数百のショートカットキーを覚えることになってしまいます。

実際のところ、Outlookに関しては最も頻繁に使用する10個程度のショートカットキーを覚えるだけで、マウス操作は8割程度減らすことができます。それ以外の操作については、従来通りマウスやタッチパッドを使用するのが現実的です。

ショートカットキーの効果を最大限に引き出すためには、自分の業務に最も関連性の高いものを選び、重点的に覚えることが重要です。新しいOutlookでは Shift + ? キーでショートカットキー一覧を見ることができます。時間があるときに表示して、使用頻度が高いものから順番に1個ずつ試して覚えていくのがよいでしょう。

第３章 効率化の考え方と手法を学ぶ

| アップグレード | お勧めショートカットキー10選 |

以下は私がお勧めするショートカットキー10選です。これを覚えるだけでOutlookのマウス操作の8割程度をキー操作でこなせるようになります。ブラウザー版とクライアント版でショートカットキーが異なるので注意してください。

◆ Outlookお勧めショートカットキー10選

	ブラウザー版	クライアント版
返信する	R キー	Ctrl + R キー
全員に返信する	Shift + R キー	Shift + Ctrl + R キー
転送する	Shift + F キー	Ctrl + F キー
送信する	Ctrl + Enter キー	Ctrl + Enter キー
メールにフラグを立てる	Insert キー	Insert キー
次（前）のメールに移動	↓ キー（↑ キー）	↓ キー（↑ キー）
アーカイブに送る	E キー	Back space キー
新しいメールを作成	N キー	Ctrl + N キー
新しいウィンドウでメールを開く	Shift + Enter キー	Shift + Enter キー
テキストの書式を統一	Ctrl + Space キー	Ctrl + Space キー

ブラウザー版とクライアント版は機能のほとんどが同じですが、唯一ショートカットキーが大きく異なります。両方のOutlookを使おうとすると、ショートカットキーの違いにより頭が混乱します。ブラウザー版とクライアント版、どちらかに絞って使うようにしましょう。

私がお勧めするのはブラウザー版です。理由は、ショートカットキーが簡略化されているためです。例えば、新規メール作成はクライアント版が Ctrl + N キーであるのに対して、ブラウザー版は N キーのみです。メールの返信はクライアント版が Ctrl + R キーであるのに対して、ブラウザー版は R キーのみです。

このようにブラウザー版は使用頻度が高いショートカットキーを中心に、ショートカットキーの簡略化が行われています。そのため作業が効率化し、操作のストレスも低減されます。

06

本文は極力10行以内にまとめる

■ 10行以内ならスクロール無しで読める

　メールの効率化を考える際に重要なのは、自分の時間の効率化だけではなく、相手の時間も効率化する必要があるという点です。自分と相手の両方の時間を効率化するには、10行以内のメールが効果を発揮するのです。

　メールの本文は、署名を除き極力10行以内にするよう心がけましょう。理由は、画面をスクロールさせることなく、相手と自分がメールを読めるためです。画面をスクロールさせる時間は無駄そのものです。相手がスマートフォンで読む可能性が高い場合、もう少し短く6行以内程度にするのが理想的です。

■ 10行に収めることが生み出す効果

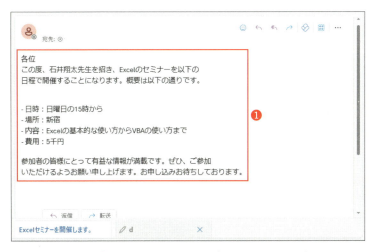

署名を除き10行以内 ❶ にすると、スクロールせずに1画面でメールを確認できる

本文を10行以内で書くのはあくまで目標で、必要な場合は超えても問題ありません。通常10行以内のメールを書く人から、ある日長文のメールが送られてきたとします。受け取った人は、そのメールが重要なものに違いないと考え、時間をかけて丁寧に読むでしょう。普段短いメールを書くことで、重要なメールを強調する効果も期待できるのです。

■ 長文になるなら重要なことは10行目までに書く

　10行を超えるメールを書く場合、重要な内容を10行めまでに書くようにしましょう。特に、相手に行ってほしいことはメールの頭の部分に、見やすく書くように心がけます。結論を先に書き、それに至る経緯を後から説明し、さらに最後にもう一度結論を書く、PREP法と呼ばれるテクニックも有効です。

◆ PREP法の例

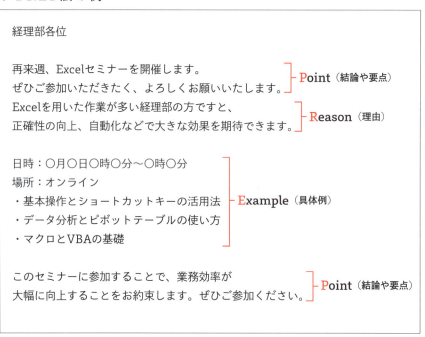

07

1通を10秒以内で
読む訓練を行う

■ 速く読むコツは「斜め読み」

　海外の調査結果によると、1通のメールを読むのに要する時間は2〜3分※とされています。平均的な社会人は毎日147通のメールを受信し、その処理に2.5時間を費やしています。それに対して本書では、平均10秒以内で読むことをお勧めします。

※18 Time Spent on Email Statistics to Rethink Your Habits 2024
（https://www.soocial.com/time-spent-on-email-statistics/）

　斜め読みは、文字を1文字1文字、正確に読むのではなく、およその意味だけを把握する手法です。メールの内容を完全に理解するのではなく、「トラブルが起こっていないか」「自分が対応すべきではないか」といった重要な情報のみを読み込みます。

　皆さんは昨日何通のメールを読み、その内容がどういったものだったか、どの程度覚えているでしょうか？　1文字1文字、すべてのメールの内容を記憶している人はおそらくいないでしょう。どのようなメールが来たか、およその内容だけを覚えているのではないでしょうか。人間の記憶力には限界があり、メールを1文字1文字丁寧に読んでも、短時間で内容を忘れてしまいます。記憶できる最低限度の内容だけをメールから読み取れればよいのです。慣れてくるとかなり長いメールも10秒以内で読めるようになります。

　斜め読みに類似したテクニックとして速読が存在します。速読は専門の学校に通うなど長時間の訓練が必要とされています。私が行うのはあくまで斜め読みや飛ばし読みで、誰でも短時間の訓練で習得できます。

第3章　効率化の考え方と手法を学ぶ

■ 対応不要なメールは3秒以内に読む

　1通のメールを10秒以内で読む練習ともう1つ、ぜひやってもらいたいのが、不要なメールを3秒以内で読む訓練です。受信トレイ中のメールには、対応の必要が無いメールも多く含まれています。例えば広告メールやシステムからの自動メール、無関係な仕事のメールなどです。そういったメールは3秒以内に判断し、読み飛ばす練習をしましょう。

■ 3つのショートカットキーで未読メールを高速で読む

　新しいOutlookでメールを高速で読むために、以下のような画面配置にします。ポイントは画面右に表示された閲覧ウィンドウです。この位置に閲覧ウィンドウが表示されない場合は、P.34を参考に設定を変更しましょう。

ショートカットキーでメールを選択❶すると、閲覧ウィンドウ❷にメール本文が表示される。マウスを使わずに操作でき、高速で未読メールをチェックできる

　モニターのサイズでも変わりますが、閲覧ウィンドウには10行前後の本文が表示されています。まずはこれを10秒以内に読む練習をしましょう。そのために欠かせないのが次にあげる3つのショートカットキーです。

1通のメールを読み終わったら、**次のメールに移動します。ショートカットキーは ↓ キーを使用します。**ブラウザー版とクラウド版で共通のショートカットキーです。↓ キーを何回か押しながら、すべてのメールを読んでみましょう。**前のメールに戻りたい場合は ↑ キーを使用します。**↓ キーと ↑ キーを何回か押して、メールが切り替わることを確認してください。これが1つめのショートカットキーです。

　次に覚えるショートカットキーは、 Insert キーです。 Insert キーは、メールにフラグを立てられます。返信が必要なメールや保留が必要なメールは、フラグを立てて、他と区別できるようにしましょう。

Insert キーでメールにフラグ❶を立てれば、他のメールと区別しやすくなる

　メールを読む際に使う最後のショートカットキーは、 E キー（ブラウザー版）です。クライアント版では Back space キーを使用します。このショートカットキーは選択したメールをアーカイブに送る効果があります。処理が終わったメールはすべてアーカイブに送り、受信トレイの中には処理が完了していないメールのみを残すようにします。

| アップグレード | 処理漏れなく未読メールを読む |

メールの処理はダブルチェックが基本になります。メールを読む際も、処理漏れや二重対応が無いよう、慎重にダブルチェックで対応しましょう。

未読メールを読む際に注意が必要なのは、メールをアーカイブに送る操作です。処理が完了していないメールをアーカイブに送った場合、そのメールは未処置のままとなり、事故が起きます。

◆ 1回目のチェック

⬇キーを押して、すべての未読メールを順番に読みます。このとき、返信が必要なメールに対しては Insert キーでフラグを立てます。まずは全部の未読メールを読むことを優先し、返信は最後にまとめて行います。すべてのメールを読むと状況が変化し、返信内容が変わることもあります。

◆ 2回目のチェック

「フラグが立っていないメール＝アーカイブに送ってもよいメール」を⬇キーと⬆キーで選択します。本当に送ってもよいか、内容を再確認し、E キー（ブラウザー版）もしくは Back space キーでアーカイブに送ります。

重要なのは、1回目のチェックの際は重要なメールにフラグを立てることに専念し、アーカイブにメールを送る作業は2回目のチェック時に行うことです。これにより、重要なメールを処理する前にアーカイブに送ってしまう事故が無くなります。

08

カーソルの移動はショートカットキーで行う

■ 項目間のカーソルの移動は Tab キー

優先的に覚えるべきマウスレス操作は、カーソルの移動です。特に文字入力の頻度が高いOutlookやWebブラウザー、Excel、Accessなどでの入力作業で効果を発揮する手法です。この機会にぜひ習得しましょう。

まずはOutlookを起動し、新規メール作成の画面を開いてください。方法は、メール画面で左上の［新規メール］をクリックするか、ショートカットキーの N キー（ブラウザー版）を押します。クライアント版の場合は Ctrl キー＋ N キーを押します。

新規メール画面が表示されたら、実際にカーソルを動かしてみましょう。使用するショートカットキーは2つです。1つは Tab キーでこれは次の項目にカーソルを移動する機能があります。もう1つが Shift ＋ Tab キーです。前の項目にカーソルを戻す機能があります。

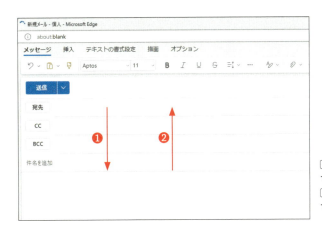

Tab キーで次の項目に移動 ❶ できる。逆に Shift キー＋ Tab キーで前の項目に移動 ❷ できる

前ページの例では、宛先の欄にあるカーソルを本文の欄まで動かすのに Tab キーを4回押します。仮にマウスを4回クリックしたとすると、2秒×4回＝8秒程度を消費する可能性があります。10件メールを書けばその10倍の80秒を消費します。Tab キーは数あるショートカットキーの中でも使用頻度が高く、その分だけ効果も大きなものになります。

■ 項目内でのカーソル移動はカーソルキー

　矢印キーは、キーボードの右下にあるカーソルキーのことです。項目内のカーソルの移動では、必ずこの矢印キーを使用しましょう。

ノートパソコンやデスクトップパソコンなど、細かいカーソルキーはキーボードの右下❶にある

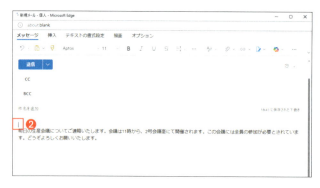

新規メール作成画面ではカーソルキーを押し、カーソル❷を上下左右に移動できる

　ここで解説した Tab キーやカーソルキーを使ったカーソルの移動は、業務効率化では最も基本的なテクニックの1つです。新人教育でもよく行います。知らない人が多いですが、効果の高い手法なので、必ず習得しましょう。

09

スマートフォン版Outlookは
出先のメールチェックに活用する

■ パソコンとスマートフォンのOutlookを使い分ける

Outlookにはブラウザー版、クライアント版の他に、スマートフォン版が存在します。外出中など、パソコンが無い場所で働くことが多い人にとってはスマートフォン版のOutlookの活用が業務効率化の大きな鍵になります。

アドビ社の調査では、日本ではメールを毎日平均130分使っているとされています。仮に電車での移動時間が40分あるとした場合、その時間をメールのチェックに活用すればどうでしょうか。会社で処理すべきメールチェックは90分で済みます。

私は会議中でもスマートフォンでメールのチェックと返信を行います。会議中に30分間メールのチェックを行えれば、その時間を他に回せます。会議中のメールチェックは悪い印象を持たれるリスクがありますが、普段から真剣に仕事に取り組む姿勢を見せていれば「あの人の仕事が速いのはこれが理由か」と、むしろ人を感動させることもあります。

スマートフォン版のOutlookは業務効率化に大きな効果がありますが、欠点も存在します。それは画面の小ささです。スマートフォンの小さい画面で細かい操作は困難ですし、確認作業にも適しません。操作ミス、誤送信のリスクもパソコン版と比較して高くなります。そのため、新規メール作成などのリスクが高い操作をスマートフォンで行うのは避けるべきでしょう。

スマートフォン版のOutlookでは3つの作業に限定して使うことをお勧めします。

◆ スマートフォン版Outlookで行うべき3つの作業
- 作業1…メールを読み、不要なメールをアーカイブに送る
- 作業2…返信可能なメールに返信する
- 作業3…カレンダーを確認する

これら以外の操作は、極力パソコン版Outlookで行いましょう。

■ **作業1「メールを読み、アーカイブに送る」**

まずは読み終わったメールをアーカイブに送る方法を説明します。画面上でアーカイブに送りたいメールをタップし、左にスワイプします。

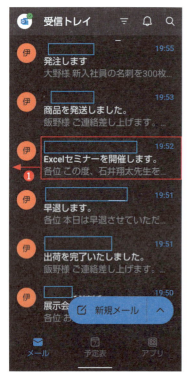

不要なメールをそのまま左にスワイプ❶するとメールをアーカイブできる

メール一覧では本文の1～2行程度しか見ることができません。そこで広告メールなど、明らかに自分に無関係なメールをアーカイブする作業に限定して使用しましょう。

スマートフォン版Outlookはスマートフォンゆえに画面が狭く、メールをフォルダーに移動させるなどの細かい操作には不向きです。無理にしようとすれば、作業時間も長くなり、メールを別のフォルダーに送ってしまい行方不明になるなどの事故の原因になります。メールの処理漏れが重大事故として扱われる日本では危険な行為といえます。スマートフォンでのメールの移動は、このアーカイブに送る（左スワイプ）のみに限定して行うのがよいでしょう。仮に間違ってアーカイブしても、そのメールはアーカイブの中に入っています。メールがどこかのフォルダーに入り行方不明になる心配がありません。

■ 作業2「返信可能なメールを処理する」

スマートフォンで行う2つめの作業が、メールの返信です。返信は新規メールと異なり、送付先の指定ミスが発生しません。添付ファイルがなければ添付ファイル関連の誤送信も発生しないため、比較的リスクが低い作業です。

スマートフォンからメールに返信する場合、クイック返信ボックスを使用しましょう。基本は1行だけのメールを使用します。相手の名前も、自分の名前も省略した、最小限のメールです。

外出先でスマートフォンで書いたと思われる1行だけの返信メールが届いた場合、相手からは、忙しい中、よく時間を作ってくれた、とむしろ好印象を持ってくれることが多くなります。無理に長文のメールを書いてもスマートフォンからのメールは見にくくなりますので、シンプルに短いメールを心がけましょう。

受信したメールによっては返信の候補が表示されるので、それらをタップして返信することも可能です。

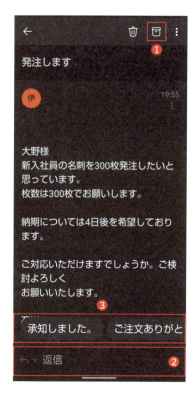

ここをクリック ❶ するとメールをアーカイブできる。クイック返信ボックス ❷ はメール本文を確認しながら、返信メールを作成できる。受信したメールに応じて、表示された返信の候補 ❸ を使って素早い返信もできる

　この画面でも［アーカイブ］（❶）をタップすると、メールをアーカイブに送ることができます。積極的に活用してください。

　日本では読み終わったメールをフォルダーに分けて管理する人が多いです。ただOutlookは読み終わったメールをアーカイブ、もしくはごみ箱に送る、というインボックス・ゼロの考え方を取り入れて設計されています。インボックス・ゼロの考え方を活用すると、Outlookの使い勝手は大きく向上します。

■ 作業3「カレンダーを確認する」

　スマートフォン版Outlookの3つめの使い方は、カレンダーの確認です。画面下にある［予定表］をタップすると予定表に切り替わります。

　スマートフォンは画面が狭く、作業には適していません。無理に行おうとすれば誤入力などのリスクも高まります。予定表の入力は主にパソコンを使用し、スマートフォンは予定の確認を主に使用するのがよいでしょう。

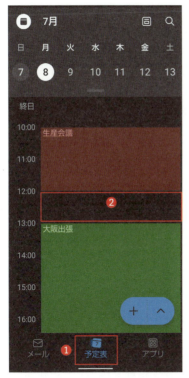

［予定表］をタップ❶すると、予定表に切り替わる。空き時間をタップ❷すると、予定登録の画面が表示される。予定登録の画面では、予定のタイトル❸と日時を設定❹し、右上のチェックマークをタップ❺すると、新しい予定を保存できる

10

Outlookとチャットアプリを使い分ける

■ メールは社外、チャットは社内で使う

　近年、TeamsやLINE、Slackなど、チャットアプリをビジネスで使う場面が増えています。これらはメールより優れた部分があると同時に、劣っている部分も存在します。ビジネスの効率化にはメールとのチャットアプリの特性を把握し、適切に使い分けることが重要です。

◆ メールとチャットのメリット／デメリット

	メール	チャット（Teams等）
メリット	・統一規格。どのアプリでも同じように扱える ・送信後の削除や編集が困難で、証跡を残す効果が高い	・送信後に削除や編集ができる ・大容量ファイルを共有できる
デメリット	・誤送信のリスク大 ・添付ファイルの容量が最大でも20MB	・アプリごとの互換性が無い ・情報が流れるように表示されてしまい、後から探すことが難しい

　メールは社外のやりとり、チャットアプリは社内、および家族、友人などビジネス以外でのやりとりに使うのがお勧めです。その理由は以下となります。

◆ チャットアプリは規格が統一されていない

　チャットアプリは多数の種類が存在しており、規格も統一されていません。将来規格が統一されれば使い勝手が向上すると考えますが、現状はそうではありません。

◆ チャットアプリは内容を後から変更できてしまう

　後から内容を変更できるのはメールに無いメリットですが、企業間の情報のやりとりに使うには問題があります。

例えばＡ社からＢ社に、チャットアプリ経由で100万円分の商品が注文されたとします。Ｂ社は製造し、納品したとします。その際、Ａ社が途中でチャットの注文を変更、もしくは削除をした場合どうなるでしょう。おそらくＢ社は大損害を被ることになります。

　後から情報を変更できる、複数の人で同じデータを同時に加工できるのに対して、メールでは送信後に削除や変更を加えられません。これが企業間でのやりとりに好まれるもう1つの理由となっています。

■ 社内でも一部の連絡はメールを使う

　大まかには社外はメール、社内はチャットアプリ、という使い分けになりますが、社内であっても一部の情報はメールを使ってやりとりしたほうが適しています。具体的には以下のようなものです。

◆ 多人数に一斉連絡する場合

　総務部や研修部、営業部などでよく使用しますが、他人数への一斉連絡はチャットアプリよりもメールのほうが利便性に優れています。

◆ 注文データなど後からの変更が望ましくない場合

　注文や指示のデータの内容を後から変更されると面倒です。こういった内容は変更困難なメールが適しています。

◆ 過去のやりとりを長期的に保管したい場合

　チャットアプリの欠点として、やりとりしたデータが流れ、後から探すことが困難、という問題があります。行方不明になっても問題の無い情報はチャットアプリでのやりとりに適しています。逆にある程度履歴を残したい場合はメールがよいでしょう。

　メールとTeamsなどのチャットアプリでは、特性が異なります。どちらが優れているのではなく、それぞれを適切なシーンで使い分けるようにしましょう。

column

タブを操作するショートカットキーで完全マウスレスを実現！?

　新しいOutlookではAltキーを活用したショートカットキーが強化されています。Altキーを押すとリボンにアルファベットが表示されます。そのアルファベットをキーボードで入力することで対応する機能を使えます。マウスが無い出先での作業に重宝するショートカットキーです。

　他にもCtrl+Yキー（フォルダーに移動）というショートカットキーも追加されています。こちらも便利ですのでぜひ使ってみましょう。

　新しいOutlookは頻繁にショートカットキーの追加が行われています。ショートカットキー一覧はShift+?キーで見ることができます。ときどき表示して新しいショートカットキーが追加されていないかを確認することをお勧めします。

Altキーを押し、各タブに対応したアルファベット❶のキーを押す

各リボンに対応したアルファベット❷が表示される

対応するアルファベットのキーを押すと、リボン内のメニュー❸が表示される

第 4 章

効率化に直結する
機能を使いこなす

新しいOutlookは誰でも使いやすい、シンプルな画面デザインが採用されています。その反面で、効率を大きく上げる便利な機能が使いにくいとも言えます。使い方がわからず困っている人はこの章を参考に効率化にチャレンジしましょう。

01
自分が主担当でないメールを自動でフォルダーに送る

■ 読まなくても影響の無いメールは一切読まない

　メールを読む速度を上げるのと同様に重要なのが、読まなくても影響が無いメールを読まないようにすることです。

　私の場合、1日に受け取るメールの件数は平均400通です。1件のメールを読むのに必要な時間は2分程度といわれますが、すべてのメールを読むと毎日約13時間かかる計算になります。メールを読むだけで、毎日の仕事に加えて5時間の残業が発生してしまいます。

　ただし、400通のうち、実際に読む必要があるメールは50通程度しかありません。つまり、88%のメールは読まなくても問題が無いのです。読む必要の無いメールは、ルールを設定して読むのをやめましょう。それだけでメールを読む時間を88%短縮できます。

◆ 筆者の受信メール内訳例

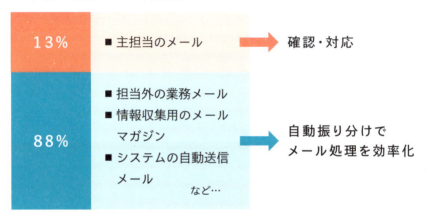

■ ルールを設定する

　読まなくても影響が無いメールは「広告メール」といった名前のフォルダーを作り、自動でその中に入るように設定しましょう。

　インボックス・ゼロの手法では読み終わったメールはアーカイブに移動させますが、「広告メール」の中のメールは基本的に読まないので、アーカイブに移動させる必要もありません。そのまま放置しましょう。これでそのメールに割く時間をゼロにできます。

　メールをフォルダーに自動で送るにはルールの機能を使用します。ビューで対象のメールをクリック❶してください。次に、リボンにある［…(その他オプション)］❷-[ルール]❸-[ルールを作成]❹の順にクリックします。

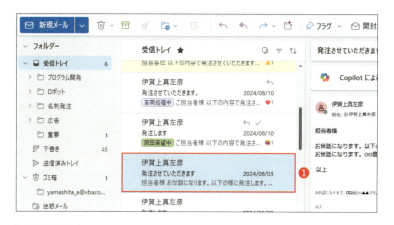

次に、［フォルダーを選択］❺から選択したメールの移動先のフォルダーを探し、クリックします。まだフォルダーを作っていない場合、［フォルダーの新規作成］❻をクリックして作成しましょう。

フォルダーを選択したら、［OK］をクリック❼して、ルールの作成を完了します。画面が切り替わったら、チェックマークを付け❽、［OK］をクリック❾します。

この操作を行うと、過去のメールも含め、同じメールアドレスから届いたすべてのメールが指定したフォルダーに移動します。移動作業には時間がかかるので、昼休み前か帰宅前に行うとよいでしょう。クラウド上で自動的に実行されるのでパソコンの電源を切っても問題ありません。

02
上司と得意先のメールを条件付き書式で強調する

■ 条件付き書式とは

　条件付き書式は、設定した条件に該当したメールを指定の色で強調する機能です。上司や得意先からの重要度が高いメールを目立たせ、処理漏れを減らす効果が期待できます。また、重要度が低いメールを目立たない色に変える、という使い方もあります。有用な機能にも関わらず存在に気づいていない人が多いですが、処理漏れや処理遅れを減らし、効率化の効果が大変高い機能なので、必ず使い方を習得しましょう。

条件付き書式を使うことで、条件に一致したメールの件名に色（❶）を付けられる

■ 条件付き書式の設定を行う

　条件付き書式の設定は、設定画面から行います。P.30を参考に画面右上の歯車アイコンをクリックし設定画面を開いたら、［メール］❶-［条件付き書式］❷-［ルールを追加］❸の順にクリックしてください。

　画面が切り替わったら、[条件付き書式]の名前❹を入力します。日本語の使用もできます。次に、[条件]❺のプルダウンでいずれか1つを選択してください。お勧めの条件は「送信者」です。

［送信者］には強調したいメールアドレスを入力します。例えば上司や取引先など、見逃したくない相手からのメールアドレスを設定しましょう。複数のメールアドレスを登録できるので、強調したいすべてのメールアドレスを登録しましょう。

　上司からのメールを強調したい場合、［送信者］をプルダウンで選択❻-アドレス欄に上司のメールアドレスを入力❼-［色の選択］❽-［保存］をクリック❾、という手順で登録します。

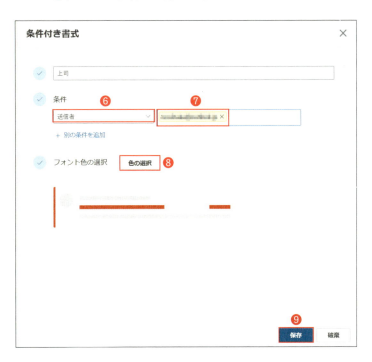

アップグレード　チーム内でメールの件名のルールを決める

　効果が高いもう1つの条件付き書式は、「件名に含まれているもの」です。これは、件名に特定の文字が含まれた場合に、色を変えて強調します。

　例えば、「24時間以内に対応が必要な場合は件名に『緊急』と入れる」というように、事前にチーム内で件名のルールを決めておくと効果的です。

03

分類項目でメールを色分けして管理する

■ フォルダー分け以上に効果がある分類項目とは

分類項目は、受信したメールに自由に色を付け、わかりやすく管理する機能です。メールを管理する手法としてフォルダー分けを用いる人が多いですが、分類項目で管理するメリットは大きく分けて3つあります

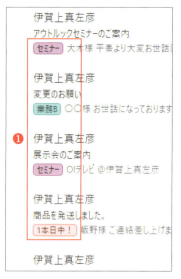

分類項目❶を使うと、「セミナー」「本日中！」といった文言と共にメールに色を付けて分類できる

◆ 分類項目のメリット①

1つのメールに複数の分類項目を付与でき、コウモリ問題が発生しない

コウモリ問題とは、野口悠紀雄氏の著書『「超」整理法』で指摘された、情報や物を分類する際に起こる問題の1つです。コウモリは鳥と獣の両方の性質を持っているため、分類する際にさまざまな問題が発生します。

例えば、業務Aと業務Bの両方に関係するメールが届いたとします。そのメールは業務Aフォルダーと業務Bフォルダーのどちらに入れればよいでしょうか？　どちらに入れるか悩む時間は無駄そのものですし、間違ったフォルダーに入れた場合、そのメールを2度と発見できないかもしれません。これが「コウモリ問題」です。

◆ メールの振り分けにおけるコウモリ問題

　分類項目は1つのメールに対して複数を付与できます。そのため、業務Aのフォルダーに入れるべきか、業務Bのフォルダーに入れるべきか、と迷う必要はありません。両方の分類を付与すればよいのです。

1つのメールに複数の分類項目❷を設定できるので、どちらにするかを悩む必要がない

　ちなみに、『「超」整理法』の中では、フォルダー分けによる管理をやめて、すべての書類を1か所にまとめて新着順に並べて管理することを推奨しています。アプローチは違いますが、結果的にインボックス・ゼロと同じ手法と言えるかもしれません。

◆ **分類項目のメリット②**

　検索フォルダーと組み合わせて仮想のフォルダーが作成できる

　検索フォルダー（P.98）と組み合わせて仮想のフォルダーを作ることが可能です。インボックス・ゼロもよいが、フォルダー分けでの管理も捨てがたいという人は、この方法を使って両方のよいところ取りができます。

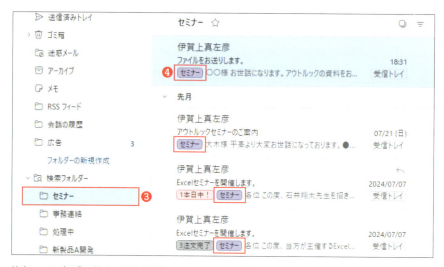

検索フォルダー❸で特定の分類項目❹のメールをフォルダーにした例

◆ **分類項目のメリット③**

　メールの移動ミスでメールが行方不明になるリスクが無い

　フォルダー分けによるメールの管理では、メールを別のフォルダーに移動させてしまい、そのまま行方不明となるケースが多い傾向にあります。処理が完了していないメールを「処理完了」のフォルダーに移動してしまい、そのまま処理漏れとなる事故も多くなります。

　それに対し、分類項目によるメール管理では、メールを移動させないため、メールが行方不明になる可能性はゼロです。また、誤った分類項目を付与してしまっても、その場で気付けて修正できるため、事故の発生する確率が非常に低くなります。

私が行っている BPO の職場では、フォルダー分けによるメールの管理は禁止し、代わりに、分類項目による管理を行っています。メールの処理漏れや二重処理などの事故が多く困っている人は、分類項目による管理を試してみましょう。

■ 分類項目の効果的な使い分けとは？

　メールに対して分類項目を付与する方法には、自動と手動の 2 つがあり、それぞれ以下のように使い分けるのが効果的です。

◆ 自動で分類項目を付与すべきケース
- 得意先ごとにメールを分類したい場合
- 業務内容ごとにメールを分類したい場合
- 送信者ごとにメールを分類したい場合

◆ 手動で分類項目を付与すべきケース
- メールの内容を読み、対応期限や重要度ごとに分類したい場合
- 共有メールボックス（第7章）など、複数人でメールを処理するときに、担当者でメールを分類したい場合

　人間が手で作業するより、自動で行うほうが効率は当然優れています。分類は極力自動で付与するようにしましょう。手動で分類付与するのは、メールの内容を読んで人間が判断する必要があるものに絞ってください。

■ ルールを使い自動で分類を付与する

　「大山産業」「新規プロジェクト」「月島先生」というように、得意先ごと、業務内容ごと、送信者ごとにメールを分類したい場合、自動で分類が付与されるようにします。自動化することで分類を付与する時間をゼロにでき、作業ミスもなくなります。

第 4 章　効率化に直結する機能を使いこなす

9 1

例えば「新規プロジェクト」に関するメールの場合、そのプロジェクトに関わっている人の名前やメールアドレス、専門用語、会社名、部署名などをキーワードとして活用します。複数のキーワードを登録し、そのうちのどれか1つがメールに含まれる場合に「新規プロジェクト」の分類が自動で付与される、という使い方ができます。お勧めは「件名もしくは本文に含まれている」です。この条件は、件名か本文に指定した文字が含まれている場合に動作します。会社名、プロジェクト名、ブランドや商品名、関わっている部署名や個人名などを設定するとよいでしょう。

　メールに自動で分類を付与する場合、設定画面のルールから設定します。P.30を参考にOutlookの右上にある歯車アイコンをクリックし、設定画面を開きましょう。クライアント版では［ホーム］タブにある［ルール］-［ルールを管理］から設定画面を開くこともできます。設定画面が開いたら、［メール］❶-［ルール］❷-［新しいルールを追加］❸の順にクリックします。

　画面が切り替わったら、以下を参考に設定を行ってください。

◆ 名前 ❹
　ルールの名前を入力します。日本語を使えます。

◆ 条件 ❺
　受信したメールの中で、どの条件のメールにそのルールを適用するかを選びます。プルダウンで「件名または本文に含まれている」といった条件を選び、条件に一致する文言を入力します。

◆ アクション ❻
　条件が満たされた場合に実行される処理を指定します。今回はプルダウンで分類を選択します。

新しい分類を作成するには、プルダウンをクリック❼し、［新しい分類］をクリック❽します。［新しい分類を作成］画面に移動するので、分類の名称を入力❾し、色を選択❿-［保存］をクリック⓫します。

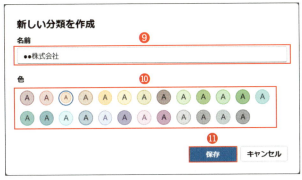

最後に、[保存]をクリック❷して設定完了です。設定が完了したら、自分宛てにテストのメールを送信し、正しく分類が付与されたかを確認しましょう。

> **アップグレード** 知っておきたいルールの実行に関連する2つのオプション
>
> 　　[ルール]画面にある2つのチェックボックスでは以下のオプションを実行できます。
>
> **「以降のルールを処理しない」**
>
> 　　ルールを複数設定した場合、上から下へ順番にルールが実行されます。この項目にチェックマークを付けた場合、そのルールが実行されると、以降のルールが実行されなくなります。1つのメールに対して1つだけのルールを実行したい場合などに使用します。ルールが正常に動作しない場合、他のルールでここにチェックマークが付いていて、他のルールが動作しなくなっている場合が大半です。この項目はオフにしたほうがよいでしょう。
>
> **「ルールを今すぐ実行する」**
>
> 　　過去に受信したメールに対して、設定したルールをすぐに実行します。終了まで時間がかかる場合がありますが、クラウド上での自動で行われるので、その間に他の操作を行っても問題ありません。

■ ショートカットキーを使い手動で分類を付与する

次に手動で分類を付与する方法を説明します。分類は効率化という観点からは自動で付与することが望ましいですが、人間がメールの内容を読んで個別に判断する必要がある分類は、手動で付与する必要があります。

具体的には「本日中！」といった重要度や対応期限に使うのが効果的です。他にも「返信待ち」「山田氏対応中」など、状況によって変化するステータスに使うのもお勧めです。

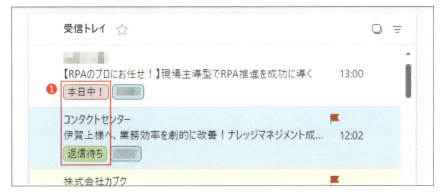

メールの内容を判断し、手動で分類項目❶を付与した例

まずはビューで分類を付与したいメールを選択❷します。マウスでクリックするか、⬆⬇キーで選択してください。

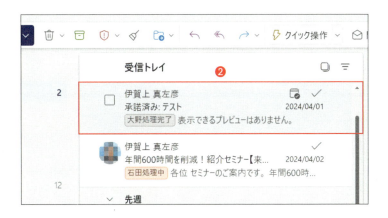

次にキーボードの［C］キー（ブラウザー版）を押します。分類のメニュー❸が表示されるので、付与したい分類項目を［↑］［↓］キーで選択し、［Enter］キーを押して完了です。付与したい分類がまだ登録されていない場合、［新しい分類］❹から、P.93と同様に登録を行ってください。

　クライアント版を使っていたり、キーボードを使ったショートカットキーではなくマウスで分類を付与する場合は、メールを選択した状態でマウスを右クリックし、メニューから［分類］を選択してください。

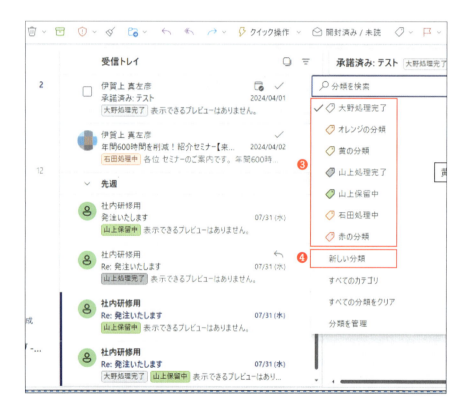

> アップグレード　分類項目を使ったメール管理の効率が上がる名前の付け方

◆ 頭に数字を振って並び順を整える

　分類項目をショートカットキーで付与する場合、使用頻度が高い分類を上位に配置すると作業性が向上します。分類項目の並び順は名前順で決まるため、使用頻度が高い分類項目の頭に数字を振ることで、任意の並び順にできます。ルールを使い自動で分類を付与する場合、手動操作が無いので数字を振るメリットは少ないでしょう。

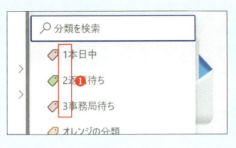

使用頻度が高い分類項目は、名前の頭に数字❶を振り上位に表示させる。

◆ 名前は6文字以内にする

　分類項目はプレビューテキスト（メール本文の先頭部分が表示される）と同じ行に表示されます。そのため、分類項目の名前が長くなると、プレビューテキストの表示文字数が短くなります。分類項目の名前は、4文字以内、長くても6文字以内を目安にして、プレビューテキストを読みやすくしましょう。

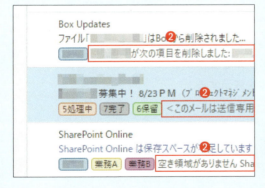

分類項目はプレビューテキスト❷の前に表示されるので、短い名前にする

04

検索フォルダーで仮想のフォルダーを作る

■ 検索フォルダーとは

　検索フォルダーは、指定した条件に一致するすべてのメールを集め、仮想のフォルダーを作成する機能です。検索フォルダーに似た機能が、ルール（旧自動仕分け）です。ルールはフォルダーにメールを移動しますが、検索フォルダーではメールは移動せず、あたかも移動したかのように仮想のフォルダーを作成する、という違いがあります。

　インボックス・ゼロの手法では、基本的に受信トレイとアーカイブ（もしくはごみ箱）の2つのフォルダーしか使用しません。しかし、多数のメールの中から欲しいメールを探すのに苦労することになります。やはりフォルダー分けで管理したほうが楽、という人もいるでしょう。そういった人に適しているのが検索フォルダーです。

◆ 筆者お勧めの使い方
- ■ 特定の分類項目が付与されたメールを表示する
- ■ 特定の人が送信したメールを表示する
- ■ フラグが立ったメールを表示する

検索フォルダー❶は特定のキーワードに一致するメールなどを表示できる

■ 検索フォルダーの作り方

　それでは、実際に検索フォルダーを作成してみましょう。ここでは、「特定の分類項目が付与されたメールを表示する」検索フォルダーを作成します。フォルダーウィンドウにある［検索フォルダー］を探し、右にある［…］をクリック❶します。［新しい検索フォルダーの作成］が表示されたらクリック❷します。［新しい検索フォルダー］に画面が切り替わったら、❸の部分に条件を設定します。ルールの機能と設定方法は同じです。次の図は「事務連絡」という分類が付与されたメールを集めて、検索フォルダーを作る場合のものです。設定が完了したら、［作成］をクリック❹して完成します。

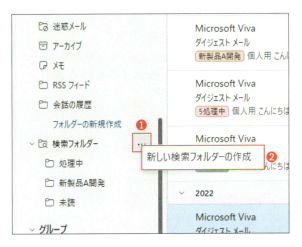

ここでは［●●株式会社］という分類項目が付与されたメールが表示される検索フォルダーを作成している。［種類の選択］で［分類されたメール］を選ぶと、分類項目を選択できる

> アップグレード 検索フォルダーのお勧め3大活用例

① 特定の人が送信したメールを表示する検索フォルダー

　メールアドレスは10人まで登録可能です。送信者の名前で検索することが多いですが、何度も検索する名前は検索フォルダーとして登録しておくと次回から1クリックで検索できます。

［種類の選択］で特定の人からのメールをプルダウンで選択❶-［ユーザーを追加する］に登録したい人のメールアドレスを入力❷します。

② フラグが立ったメールを表示する検索フォルダー

　「フラグが立ったメール」（＝対応が必要なメール）がどのフォルダーに入っていても関係なく、時系列にすべて表示されます。処理漏れが無いかを再確認する際にも便利です。

［種類の選択］で［フラグが設定されたメール］を選択❸します。

③ 未読のメールをすべて表示する検索フォルダー

　すべてのフォルダーに入っている未読メールがまとめて表示されます。迷惑メールとごみ箱のフォルダー内のメールは表示されません。迷惑メール以外の未読メールがすべて表示されることになるので、使い勝手がよい活用例です。

［種類の選択］で［未読のメール］を選択❹します。

05

入力効率を高める4大機能を
身に付ける

■ メール作成の効率を上げる4つの機能

　メールの効率化には、読む作業を効率化すると同時に、書く作業の効率化も必要になります。ここでは、書く作業を効率化するための4つの機能である、単語の登録・署名・クリップボードの履歴・マイテンプレートの特長を解説します。

◆ 4大機能の概要

名称	特長
単語の登録	64文字まで。改行できない
署名	文字数制限なし。改行可能
クリップボードの履歴	文字数制限なし。改行可能。ショートカットキーで呼び出し可能。最大25項目
マイテンプレート	文字数制限なし。改行可能。ショートカットキーでの呼び出し不可。項目数は無制限

■ 単語の登録

　Outlookではなく、Windowsに搭載された機能です。あいさつなどの定型文、自分の名前、メールアドレス、会社の住所など、使用頻度が高い文字を事前に登録することで高速で入力を行えます。

第4章 効率化に直結する機能を使いこなす

101

- 署名

　すでに解説したOutlookの機能（P.37）です。単語の登録と異なり文字数の制限がなく、改行も可能なため、長文の定型メールの入力に効果を発揮します。

- クリップボードの履歴

　2018年にWindowsに追加された入力効率化機能です。⊞＋Ⅴキーのショートカットキーで呼び出して使用します。文字や画像をコピーして貼り付けられるクリップボード（Ctrlキー＋Ⅴキー）の機能は有名ですが、こちらは25項目までの情報を保存できるように拡張された機能です。

- マイテンプレート

　メール本文とイベントの詳細欄のみに使用できる機能です。クリップボードの履歴と異なり、保存できる項目数に制限がありません。ショートカットキーで呼び出せない欠点がありますが、Outlookの長文入力の主力機能といえます。

　新しいOutlookでは、クイック パーツや定型句など、従来のOutlookで存在した長文の入力を効率化する機能が現時点で実装されていません。また、テンプレートファイルも限定的にしか使用できません。これらが無くなった分は、署名と強化されたクリップボードの履歴、マイテンプレートで代用しましょう。

　新しいOutlookでは、第5章で解説するCopilotと呼ばれるAIを使った効率化機能も利用できます。これらを活用すれば、従来のOutlookを超える作業効率を実現できるでしょう。

06

単語を登録して高速入力する

■ よく使う文字列を登録して入力効率を上げる

　単語の登録は、Windowsに搭載されている文字入力システムであるIME（Input Method Editor）の辞書登録機能です。よく使う単語や文字列を登録することで、文字入力の効率を高められます。

◆ お勧めの単語登録
- 「めーる」→自分のメールアドレス
- 「じゅうしょ」→会社の住所
- 「おせ」→「お世話になります。株式会社●●、●●です。」
- 「おて」→「お手数ですが何卒よろしくお願いいたします。」

　会社名や名前、専門用語の登録も可能で、誤字脱字を防ぐ効果も期待できます。専門用語の漢字やスペルの間違いがあると、仕事への知識を疑われることもあります。入力効率化と誤字脱字を防ぐという2つの面から、単語の登録はビジネスパーソンにとって必須の機能と言えます。

単語を登録すると、メール本文の入力時に読みを入力すれば、登録した文字が候補❶として表示されます

■ 単語の登録方法

　単語の登録は、WindowsのタスクバーにあるIMEのアイコンから行います。IMEのアイコンを右クリック❶し、IMEオプションを表示しましょう。

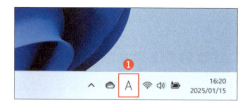

　IMEオプションが表示されたら、［単語の追加］をクリック❷します。単語の登録の画面が表示されたら、［単語］に登録したい単語を入力❸します。次に、［読み］に単語を呼び出す際に使う文言を入力❹します。ひらがなで登録するのが最も効率的です。最後に［登録］をクリック❺して完了です。

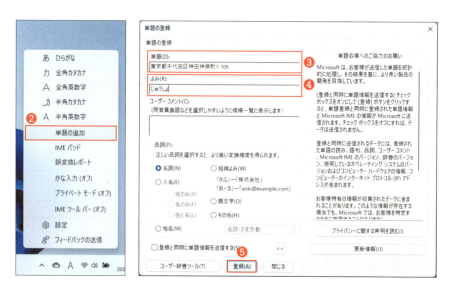

　単語の登録はとても便利な機能ですが、①最大64文字まで、②改行を含められない、という2つの制限が存在します。64文字を超える場合や改行を含めたい場合は、署名やクリップボードの履歴を使用しましょう。

104

07
クリップボードの履歴で長文入力を効率化する

■ 25項目まで登録可能！強化されたクリップボード

パソコンのショートカットキーで最も有名なものはコピー（Ctrl + C キー）と貼り付け（Ctrl + V キー）の2つではないでしょうか。コピーされた文字や画像はクリップボードという一時保管場所に保存され、何度でも貼り付けて使うことができます。

従来のクリップボードでは1つのデータしか保管できませんでしたが、Windows 10から25項目までのデータを保管できるように機能が強化されました。**強化されたクリップボードは、「クリップボードの履歴」と呼ばれ、■ + V キーのショートカットキーで呼び出せます。**貼り付けたいデータを↑↓キーで選び、Enter キーで決定します。マウスレスで処理が完結するのもクリップボードの履歴のメリットです。

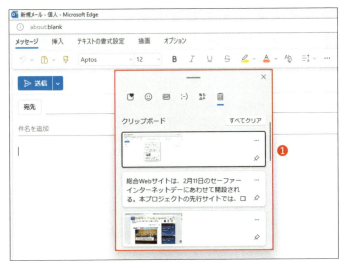

クリップボードの履歴❶を使うと、クリップボードに複数のデータを保存できるようになる

■ よく使う文は固定する

　クリップボードの履歴は、パソコンを再起動したり、ログオフすると消えてしまいますが、アイテムの固定を行えば再起動やログオフ後も履歴を保持できます。アイテムの固定を行うには、⊞＋Ⅴキーでクリップボードの履歴を呼び出し、固定するデータの［アイテムの固定］をクリック❶して行います。

アイテムの固定が完了すると、アイコン❷が変わり、データが固定された

　クリップボードの履歴は、同じMicrosoft 365のアカウントを使っていれば、異なるパソコンでも同一の内容が共有されるため、パソコンを変えても同じ作業環境が維持できます。なお、法人契約の場合、共有機能が使えない場合があります。

> アップグレード

クリップボードの履歴をオンに切り替えるには

　クリップボードの履歴は初期設定ではオフになっています。使用するためには設定をオンに変更する必要があります。■＋Ｖキーを押すと設定変更画面が表示されるので、「オンにする」をクリックしてください。

クリップボードの履歴がオンになっていないときは、初回設定で［オンにする］をクリック❶する

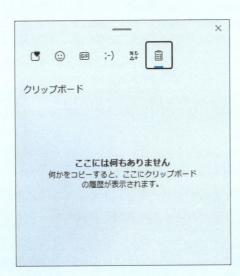

クリップボードの履歴がオンに設定された直後はデータがコピーされていないため、何も表示されない

第4章 効率化に直結する機能を使いこなす

107

08

もう1つの入力効率機能 「マイテンプレート」とは？

■ マイテンプレートとクリップボードの履歴を使い分ける

マイテンプレートは、繰り返し入力する定型的な文章を保存して使用する機能です。メールの本文と、イベントの詳細の入力に使用できます。文字数制限がなく、改行を含める点ではクリップボードの履歴に近い機能ですが、以下のような仕様の違いがあります。

◆ マイテンプレートとクリップボードの違い

	マイテンプレート	クリップボードの履歴
ショートカットキー	なし	⊞ + V キー
保存できるデータ	・文字、画像、Excelで作った表 ・文字数制限なし。改行も可能	・文字、画像など ・文字数制限なし。改行も可能
貼り付けられる場所	メールの本文とイベントの詳細欄	Outlook以外も含め、入力可能な箇所のほとんどすべて
記録できる項目数	無制限（ただし合計容量は32KBまで）	25項目まで（1項目4MBまで）

◆ マイテンプレートとクリップボードの履歴の使い分け

この2つの機能は非常に似通っていますが、ショートカットキーを使い一瞬で呼び出せるクリップボードの履歴のほうが作業効率は高いといえます。

ただし、クリップボードの履歴では、最大25項目までという保存数の制限があります。これらを踏まえて、次のように使い分けましょう。

- 毎日必ず使う長い定型文は、クリップボードの履歴を使う
- 毎日使わない長い定型文は、マイテンプレートを使う

■ メール本文にマイテンプレートで定型文を貼り付ける

メールの作成画面で右上の［新しいウィンドウで開く］❶をクリックして、メッセージ ウィンドウを開きます。

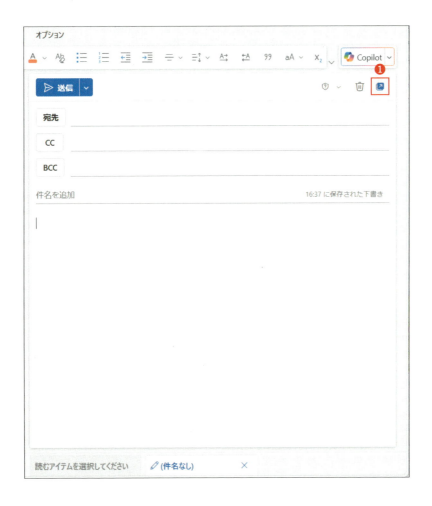

第4章 効率化に直結する機能を使いこなす

109

メッセージ ウィンドウが開いたら、［アプリ］❷-［My Templates］❸の順にクリックします。表示されたテンプレート❹から使用したいものをクリックして完了です。

　新しいテンプレートを登録したい場合は［＋テンプレート］❺をクリックしてください。

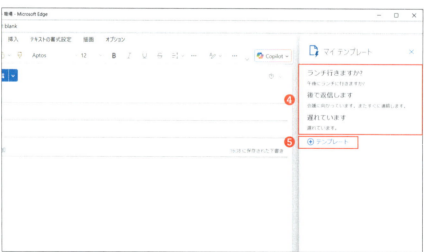

◆ テンプレートの登録

　テンプレートの名称を❻に入力し、内容を入力❼したら、［保存］をクリック❽します。

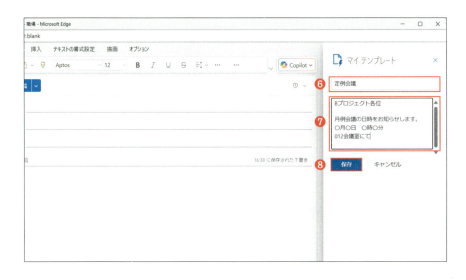

09

社内の「承知しました！」は リアクション機能を使う

■ リアクション機能とは

　リアクション機能は、受信したメールに対して、「了承しました」「満足しました」といった気持ちを伝えるための機能です。Teamsにも類似した機能があるので使用したことがある人も多いでしょう。

　リアクションは、メールを受信した他のメンバーにもリアルタイムで伝達されるので、こちらの感情を相手に伝える場合に有効な機能です。

　「承知しました！」といった短い返答は、リアクションで十分代用できます。メールを書くよりも負荷が少なく、誤送信の心配もありません。「承知しました！」という1行だけのメールでも、誤送信が無いように丁寧に確認しながら書けば1〜2分はかかりますが、リアクション機能を使えば5秒で済みます。非常に効果が高い機能のため、積極的に使用しましょう。

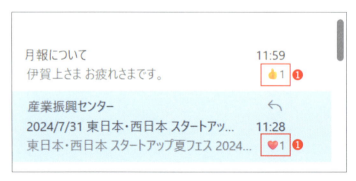

リアクション機能❶は受信メールに対して、アイコンを使って反応を返すことができる

■ メールにリアクションする方法

　メールへのリアクションは、件名の横にある😊アイコン❶をクリックしましょう。6種類のアイコン❷が表示されるので、どれか1つをクリックして選択します。ビジネスでは👍アイコン（満足している）を「承知しました」という意味合いで使う場合が多いです。相手への感謝を伝えたいときは、❤️アイコン（ハートマーク）も便利です。リアクションは、5秒程度でメールを受信した相手に伝わります。

■ リアクション機能の制限

　非常に便利なリアクション機能ですが、使用には条件があります。

◆ リアクションが相手に伝わる条件
- 相手がMicrosoft 365のサービスに加入している
- 相手が新しいOutlookを使用している
- 相手が社外の人の場合、設定によっては伝わらないことが多い

　メールは世界共通の規格で、どのメールアプリでも同じように読むことができます。ただし、リアクション機能は、マイクロソフトが新しいOutlook専用に開発した機能のため、新しいOutlook以外では使えません。従来のOutlookでも使えないことがあるので注意しましょう。特に、社外の人がMicrosoft 365のサービスに加入しているかを知る手段が無いため、リアクション機能は社内メールに限定して使いましょう。

10

予定をOutlookに集約して
効果を底上げする

■ 紙の予定表は使わない

　予定表はOutlookの中核とも言える、大変重要な機能です。メールやTeamsとも連携しており、予定表を使いこなせば、自分だけでなく、会社全体の業務効率の改善ができます。

　業務効率化のためには、紙の手帳をやめてすべての予定をOutlookに集約することが大切です。

◆ Outlookに予定を集約するメリット
- 組織内のすべての人と予定の共有ができ、お互いに居場所や負荷状況を把握できる
- 会議日時などの調整が容易になる

■ 会議の時間調整を自動化して効率を上げる

　会議の日時調整は、従来は大変負荷のかかる作業でした。参加予定者全員にメールや電話で連絡し、空いている時間を確認する必要があり、日程調整だけで数日かかることもありました。これを自動化できるスケジュール アシスタントは、大変有効な機能です。スケジュール アシスタント機能を使うには、関係者全員がOutlookの予定表を使っていることが条件です。全員が紙の手帳を使わず、予定表をOutlookに集約することが必要になります。

◆ メンバーの空き時間から会議時間を調整する

　［新しいイベント］をクリック❶します。まずはタイトルを入力❷します。次に会議や外出など、自分以外の参加者の名前やメールアドレスを入力❸します。連絡先に登録（P.146）しておくと名前などで検索できるようになり、スムーズに登録できます。

第4章　効率化に直結する機能を使いこなす

115

参加者を登録すると、時間帯の候補❹が表示されます。時間帯の候補は、自動で参加者全員の予定を確認して、予定が空いている人が多い時間帯が自動的に表示されます。候補から時間帯をクリックして選択します。

　時間を微調整したい場合、❺で時刻を設定します。標準では30分単位になっていますが、ここで1分単位の細かい調整も可能です。最後に、イベントの詳細を入力❻します。イベントを登録すると参加者にメールが送られ、参加者の予定表にも同じ内容が登録されます。詳細の欄に入力した内容は、メールの本文となって参加者に送られます。会議のアジェンダなどを入力しておくと便利です。すべての入力が完了したら、［送信］をクリック❼して登録完了です。

| アップグレード | イベントで設定しておきたい2つのオプション |

　イベントは、オプションからさらに詳細な設定が可能です。オプション画面は、イベント作成画面の右上にある［イベントを表示します］をクリック❶して表示できます。または右下の[その他のオプション]をクリック❷しても表示できます。オプションで重要なのは、以下の2点です。

◆アラーム ❸

　イベントが始まる前に通知を表示できます。重要なイベントに対して設定しましょう。

◆公開／非公開 ❹

　イベントは同じ組織内の人へ表示されますが、中には他の人に知られたくないイベントもあるでしょう。公開前の新規事業に関するもの、食事会や子供の送り迎えなどの私用などは、非公開で登録しましょう。

column

インボックス・ゼロを安全に導入する2つの方法

　メール管理の効率を大幅に上げ、精神的な負荷を減らす効果も持った
インボックス・ゼロですが、従来のフォルダー分けの管理とは違いが大き
く、焦って切り替えるとメール見逃しや二重対応などの事故が発生する可
能性があります。フォルダーごとに以下の2つの手法を使い、半年程度か
けて徐々に切り替えるのがよいでしょう。

◆ 重要度が低いフォルダーは使用をやめる

　メールを管理しているフォルダーのうち、重要度が低い、後から見直す
可能性が低いメールが入っているフォルダーは使用をやめ、受信トレイと
アーカイブ（もしくはごみ箱）の2つで管理するようにしましょう。

◆ 重要度が高いフォルダーは共有メールボックス上で管理

　後から見直す可能性が高いメール、および将来に他の人に引き継ぐ可能
性が高いメールが入ったフォルダーは、当該の業務専用メールアドレスを
作り、そちらにメールを保存しましょう。他の人に業務を引き継ぐ場合も、
当該のメールアドレスへアクセス権を設定するだけで完了します。上司に
もアクセス権を設定すれば進捗の確認が可能となり、報告の負荷が減りま
す。

第 **5** 章

AIで次世代の働き方を実現する

この章ではOutlookと連携できるAIアシスタント「Copilot」を活用した効率化について解説します。Microsoft 365への加入に加え、別途サブスクリプションサービスへの加入が必要な場合もあり、使ったことが無い人も多いと思われますが、次の時代のビジネスでは必須とも言える機能です。特にメールに不慣れな人や、大量のメールを扱っている人には大きな効果が期待できます。

01

AIアシスタント「Copilot」とは？

■ Microsoft Copilotとは何か？

ここではOutlookから利用できるAI機能、Copilot（コパイロット：副操縦士）による効率化について説明します。

◆ Microsoft Copilotを使用するための条件

Microsoft Copilotを使うためにはMicrosoft 365とCopilotの、2つのサブスクリプションサービスへの加入が必要です。

2025年1月、Microsoft 365の個人向けプランにCopilotが統合されました。これにより、FamilyやPersonalプランの契約ユーザーは別途Copilotのサブスクリプションを契約することなくCopilotを利用できるようになりました。

企業向けのMicrosoft 365に加入している人は従来通り、Copilotのサブスクリプションサービスの契約が必要です。

Microsoft 365とCopilotの料金プランは頻繁に変更されますので、詳しくはHP（https://www.microsoft.com/ja-jp/microsoft-365）で確認することをお勧めします。

◆ Copilotを使うメリット

Copilotを使うことで以下のような効果を期待できます。なお、現在マイクロソフトとOpenAIは、AIエージェントと呼ばれる機能を開発しており、今後Copilotにもその機能が搭載されます。AIエージェントはあたかも人間のように、複雑で長期的なタスクを実行できるとされています。将来的には1人の人間が多数のAIエージェントに指示を出し、数人分の仕事を1人で行えるようになることが期待されます。

■ 生産性の向上
文書やデータの作成、編集などの日常業務を効率化できます。

- 品質の向上
    新入社員など熟練度が低いメンバーが、周囲のサポートなく、熟練者並みのメールやデータを作成できるようになります。
- データの活用
    社内に保存されたさまざまなデータを活用し、自動で分析や集約を行うことが可能です。
- コラボレーションの強化
    チームメンバーとのコミュニケーションを円滑にし、共同作業をスムーズに進めることができます。
- クリエイティブなサポート
    アイデアのブレインストーミングやコンテンツの作成を支援し、創造性を引き出します。
- タスクの自動化
    繰り返し行うタスクを自動化できます。

◆ Microsoft Copilotの仕組み

　Microsoft CopilotはユーザーがWord、PowerPoint、Excelなどの各アプリを通じてプロンプト（言葉）で行った指示に、大規模言語モデルやMicrosoft 365のクラウド上（SharePointやOneDrive）に保存されたデータを活用し、最適な結果をアウトプットします。

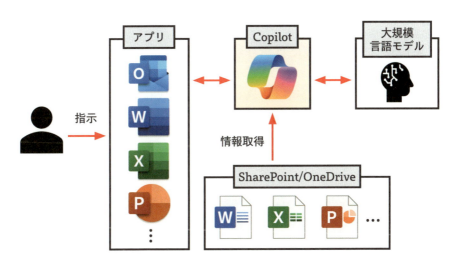

■ 有償と無償のCopilotの違い

Microsoft Copilot にはOutlookやWordから利用できる有償のMicrosoft Copilotと、WindowsやブラウザーのMicrosoft Edgeに搭載された無償のMicrosoft Copilotが存在します。この2つはセキュリティの点で大きな違いがあります。

Outlookから利用できる有償のMicrosoft Copilotは、特に企業向けに設計されており、Microsoft 365のセキュリティ機能と統合されています。これにより、データの暗号化やアクセス制御など、高いレベルのセキュリティ対策が提供されます。

一方、WindowsやブラウザーのMicrosoft Edgeに搭載された無償のMicrosoft Copilotも、マイクロソフトのセキュリティポリシーに基づいて適切に運用されていますが、有償のMicrosoft Copilotと比較し、入力した内容がAIの学習データとして利用されるリスクも存在します。無償のMicrosoft Copilotを業務で使用することを禁止している企業もあります。セキュリティを重視する場合、有償のMicrosoft Copilotを導入するのが望ましいでしょう。

■ メリットだけではない！ Microsoft Copilotの注意点

Copilotは業務の効率化に大きく寄与しますが、使用するうえでいくつかの注意点があります。

◆ AIが生成する情報には誤りも含まれる

生成AIが抱える課題の1つとしてハルシネーション（幻覚）があります。ハルシネーションはAIが事実と異なる情報を生成してしまう現象を指します。Copilotも多くの生成AIと同様、誤った情報を生成する可能性があります。最終的には人間によるチェックが不可欠です。

◆ 組織内の情報の不正利用

Copilotは情報を生成する際に、所属している組織の人がMicrosoft 365のサービス（SharePointやOneDrive）内に保存したデータを利用します。例えばそれらの場所に、誰でも見える状態で会社の機密情報や個人情報が保存されて

いたらどうなるでしょうか。人間では探すのに時間がかかっても、生成AIであるCopilotなら瞬時にアクセスできます。例えば、「部署全員の査定と給料を一覧にまとめて」といった使い方もできてしまいます。

■ 導入前に組織として行うこと

Microsoft Copilotの導入で、組織内に保存された情報を今まで以上に有効活用できるようになります。その反面、見られてはいけない情報が不正に利用され、外部に流出するリスクも生じます。組織の管理者は事前に以下の対応を行いましょう。導入にあたり、「見られては困る情報を隠す」のと同時に、「多くの人に見てほしい情報を、見やすい場所に移動する」ことも重要になります。例えば最新の製品カタログを誰でもアクセスできる場所に置き、古い製品カタログは間違って使われないよう、アクセスが難しい場所に置くとよいでしょう。

◆ ファイルの置き場所のルール化と教育

Microsoft Copilot は SharePoint や OneDrive 上のデータを活用しますが、利用者がアクセスできないフォルダーにあるデータにアクセスすることはありません。組織ごとにフォルダーを作りアクセス権限を設定し、メンバーへの教育を行いましょう。

◆ 機密度ラベルの設定と教育

フォルダーごとのアクセス管理以外に、ファイルごとに機密度ラベルの設定を行い、アクセスを管理することも可能です。機密度ラベルは Microsoft 365の管理者権限がある人が初期設定を行い、メンバーに使い方を教育する必要があります。（「Microsoft Azure Information Protection サービスの説明」https://learn.microsoft.com/ja-jp/office365/servicedescriptions/azure-information-protection）

02 Copilotでメールを下書きする

■ 本文の書式をHTML形式に変更して準備する

　OutlookのCopilotを使ってメールを下書きする場合、メール本文の書式をHTML形式に設定するのが条件となります。

　メール作成時、以下の方法で切り替えることが可能ですが、こちらは1度限りの切り替えで、設定が保持されません。Copilotをフル活用したいならメールの本文の書式をHTMLに固定したほうが効率的です。詳しくはP.42を参考に切り替えてください。

［オプション］タブをクリック❶し、［HTMLに切り替え］❷をクリックすると、一時的にメールの形式をHTML形式に切り替えられる。常にHTML形式にするにはOutlookの設定を変更する

■ メールの下書きを生成する

　新規メール作成画面で右上にあるCopilotボタン❶-［下書き］❷の順にクリックします。Copilotのメニューが表示されたら、入力ボックス❹にメールの内容を簡潔に入力します。ここで入力した内容はプロンプトと呼ばれます。敬語などは整えてくれるため、必要ありません。入力が終わったら［生成］❺をクリックします。

［Copilotを使って下書き］❸をクリックして下書きの生成を始めることもできる

数秒待つと、メールの下書きが生成❻されます。問題がなければ［保持］をクリック❼して完了です。

■ 下書きの修正も行える

1回目の生成で満足な内容を得られなかった場合、修正を加えます。

［もう一度試す］❶をクリックすると、同一の条件でもう一度メールを作成します。前回作成したメールも保存されますので、気に入ったほうを選んで使うことができます。

> **アップグレード** ショートカットキーで下書きの生成を始められる
>
> ［Copilotを使って下書き］をクリックする前に別の場所をクリックすると、［Copilotを使って下書き］は消えてしまいます。その場合、メール本文の欄を選択している状態で「/」を入力❶すると、Copilotのメニューが表示され、下書きの生成を開始できます。

［トーンの変更］❷をクリックすると、先ほどとは少し条件を変えてメールを下書きできます。表示された4つのメニュー❸から文章のトーン（文体）を選べます。4つのメニュー以外にも、キーボードからの入力ボックス❹にプロンプトを入力することで追加の指示を与えることも可能です。

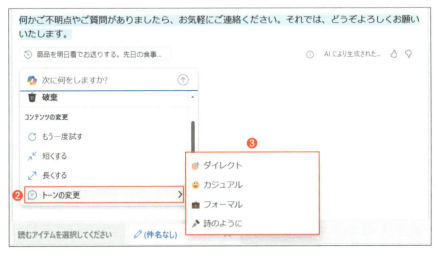

　何度か生成をしたら、左右ボタン❺をクリックし、作成した下書きの中から最もよいものを選び、［保持］❻をクリックします。

以上で下書きが完了❼しました。Copilotでの下書きは30文字前後で改行
する、というメールのマナーにのっとっていません。手作業で改行を入れる
必要があります。

オプション

表示　□ 差出人を表示　❗ ↓ ↻ 🖨　□ 配信確認メッセージの要求　…　∨　🔵 Copilot ∨

▷ 送信 ∨　　　　　　　　　　　　　　　　　　　　　⏱ ∨　🗑 ⊡

宛先

CC

BCC

件名を追加　　　　　　　　　　　　　　　　　　　16:13 に保存された下書き

❼

こんにちは。明日、注文いただきました商品を発送させていただきますので、どうぞ楽しみにお待ち
ください。きっとお気に召していただけると存じます。また、先日は素晴らしいお食事にご招待いた
だき、誠にありがとうございました。大変楽しい時間を過ごさせていただきました。心ばかりの品を
同封いたしますので、どうぞお受け取りください。さらに、先日の打ち合わせにご参加いただきまし
たことにも感謝申し上げます。今後ともどうぞよろしくお願い申し上げます。

アップグレード ┃ **プロンプトで意味がない言葉**

　プロンプトを書く場合、以下の言葉を書き込んでも意味をなしません。これは
プロンプトの編集の機能が優先され、プロンプトでの指示が意味をなしていない
ためと推定されます。この他に公序良俗に反する言葉なども機能しません。

- ■ メール全体の文字数を指示する言葉
   例：500文字で書きなさい
- ■ 文体を指示する言葉
   例：幼い子供のような言葉で書きなさい

■ メール下書き用プロンプトを使う

　以下は、私がメールの下書き生成に使っているプロンプトです。改行を含んでおり文字数も多いため、**クリップボードの履歴（P.105）の機能を用いてこのプロンプトを貼り付け、一部を書き換えて使用**しています。

◆ 著者お勧めの下書き用プロンプト

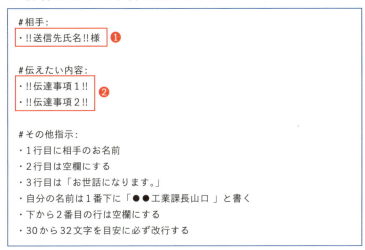

　実際にこのプロンプトで下書きを生成してみましょう。［Copilotを使って下書き］画面に先ほどのプロンプトを貼り付けます。貼り付けたプロンプトの中で、「相手」❶、「伝えたい内容」❷の2か所はその都度修正❸してください。それ以外の部分を修正する必要はありません。プロンプトの修正が終わったら［生成］❹をクリックして完了です。

実際に生成された下書きを見てみましょう。適切な位置で改行され、ほとんど加工しないで送信可能なメールを生成できました。

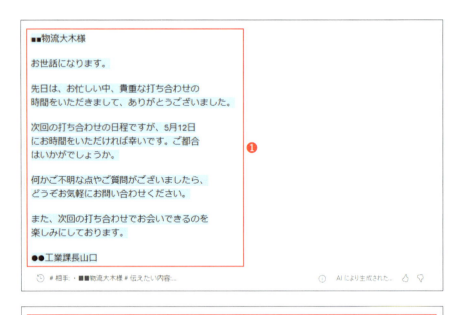

メール下書き用プロンプトを使った生成例❶と使わなかった生成例❷

　このように下書き用プロンプトを用いたほうはこのまま送信しても問題ない品質です。Copilotでメールを下書きする場合はカスタマイズしたプロンプトを活用するのがマストと言ってよいでしょう。皆さんも自分に合うプロンプトを作成してみましょう。

03

EdgeのCopilotを使い
メールを下書きする

■ 無料で使えるEdgeのCopilot

　Copilotが生成するメールの下書きは非常に有用ですが、サブスクリプションサービスに加入していないと利用できません。そこでブラウザーのEdgeから利用できる無償のCopilotでメールの下書きを生成する方法を解説します。

◆ EdgeのCopilotで注意すべき点

> Edgeに搭載されたCopilotはOutlookに搭載されたCopilotとは異なり、入力したデータがAIの学習用データとして使用される可能性があるため、少なからず外部の人がその情報を知る可能性もあります。個人情報や機密情報を入力するのは避けましょう。

■ EdgeでCopilotを使うには

　実際にEdgeのCopilotを使ってみましょう。ブラウザーのEdgeを起動します。次に画面右上にあるCopilotボタンをクリック❶すると、Copilotが起動します。Ctrl + Shift + .（ピリオド）キーでも起動できます。

Copilotが表示されたら、プロンプトを入力❷し、［送信］をクリック❸します。数秒程度待つとメールの本文が生成❹されます。これをコピー＆ペーストでOutlookに貼り付けて使用してください。

 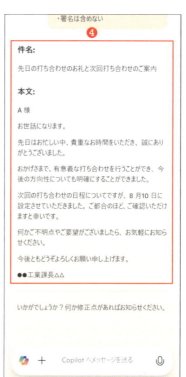

　今回は次ページのプロンプトを使用しました。長いプロンプトですが、あらかじめコピーしておき、一部を加工して使っています。ここで加工したのは「伝えたい内容」の2行❺だけです。毎日何回も使うプロンプトですし、改行を含んでいるため、クリップボードの履歴（P.105）の機能を活用するとよいでしょう。
　EdgeのCopilotでメール本文の下書きプロンプトを作成する際は、次の点に注意してください。

■ メールの件名と本文を書いてほしいとプロンプトの冒頭で明確に伝える
　EdgeのCopilotはあらゆる用途に汎用的に使えます。そのため、メール

の件名と本文を書いてほしいと頭の部分で明確に指示する必要があります。具体的には「#依頼」❻の部分で指示しています。Outlookから利用できるCopilotはメール本文の下書きに特化しているので指示は不要です。一方でEdgeのCopilotはOutlook上のCopilotと異なり、本文だけでなく件名の下書きも行えます。

■ 本文の長さや文体を指示する

　Outlook上のCopilotはプロンプトで本文の文字数や文体を指示することはできませんでした。これはトーンの変更などの機能が優先されるためです。EdgeのCopilotにはこの機能が無いので、「#その他指示」にある3行❼で指示を行っています。

◆ 著者お勧めの下書き用プロンプト

```
#依頼：
・以下の内容でビジネスメールの件名と本文を作成してください  ❻

#条件：
・私：●●工業課長△△
・相手：A様

#伝えたい内容：
・先日の打ち合わせのお礼
・次回打ち合わせは8月10日  ❺

#その他指示：
・1行目に相手のお名前
・2行目は空欄にする
・3行目は「お世話になります。」
・自分の名前は1番下に「●●工業課長△△」と書く
・下から2番目の行は空欄にする
・30から32文字を目安に必ず改行する
・300文字程度の長さにする。
・相手は目上なので丁寧な言葉で  ❼
・極力箇条書きを使う
・署名は含めない
```

第5章　AIで次世代の働き方を実現する

04

Copilotでメールに返信する

■ Copilotは返信文の生成に高い効果を発揮する

　Copilotを使ったメールの返信はなんと、最短でマウスを2回クリックするだけでも行うことができます。Copilotが受信したメールの内容を分析し、文面の候補を表示してくれるので、それをクリックするだけで簡単に文面を作成できます。新規メールを作成する場合より短い手順で作成可能で、非常に効果的な機能です。

メールの返信画面で［Copilotを使って下書き］から最も近いと思うものをクリック❶する

[保持]をクリックすれば、そのまま生成文を使えるが、このままではメールとして送れる状態になっていないため、プロンプトを使い修正する。入力ボックス❷をクリックする

新しいプロンプト❸を入力し、［生成］❹をクリックすると、返信文が生成し直される

生成された内容はそのままメールとして送っても問題無いレベルのものになっているのではないでしょうか？　もしも内容が気に入らない場合、［もう一度試す］❺をクリックすると、同じプロンプトで別のメールを生成してくれます。何回か試し、1番よいものを左右ボタン❻で選んでください。最後に、［保持］❼をクリックして完了です。

■ 返信用に使うプロンプト

　返信時に使用するプロンプトは以下になります。❽の部分は自分の会社名と名前に変更して使ってください。

◆ 著者お勧めの返信用プロンプト

#その他指示：
・30から32文字を目安に必ず改行する
・1行目に相手のお名前を入れる
・2行目は空欄にする
・下から2番目の行は空欄にする。
・1番下の行に●●工業〇〇と入れる
・署名は含めない　❽

05 Copilotでメールのコーチングを受ける

■ Copilotのコーチング機能を使う

　Copilotはメールのコーチング機能を搭載しています。これまで先輩や上司にチェックしてもらっていたメールの下書きチェックをAIに行ってもらえます。先輩や上司にメールを確認してもらうのは、こちらも気を使いますし、相手の時間を奪うことにもなります。AIのCopilotなら何度でも、一切気を使うことがなくチェックに付き合ってくれます。

　コーチングは宣伝、広告メールの効果を高めたい場合にも使用できます。経験が短い人から長い人まで、幅広い人に効果を発揮します。

■ コーチング機能の効果的な使い方

　メールの下書きが準備したら、Copilotボタン❶-［コーチング］❷の順にクリックします。

　コーチングの提案画面に移行します。下書きの下部に評価結果❸が表示され、修正すべき箇所やアドバイスも記されています。コーチングは［トーン］［閲覧者の感情］［明瞭さ］の3つから評価されます。それぞれをクリックして確認し、上部に表示された本文を修正してください。

また、コーチングの提案内容が問題ない場合、［すべての提案を適用する］❹をクリックすると、書き換えた結果❺が表示されます。3つのボタン❻を使い、［置換］をクリックして下書きを置き換えたり、［再生成］をクリックして生成し直したりもできます。元の下書きを残したいときは［下に挿入］を使うとよいでしょう。

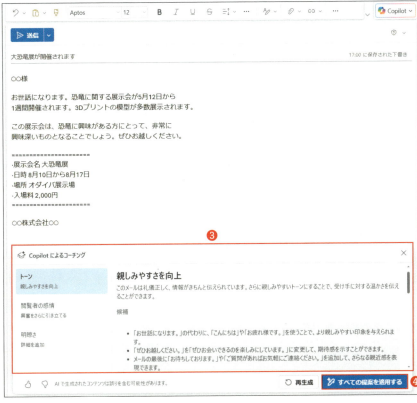

06

Copilotで長いメールを要約する

■ 要約機能の特徴

OutlookのCopilotで知っておきたい3つめの機能がメールの要約です。使い方は簡単で、メールの上部に表示される［Copilotによる要約］❶をクリックするだけです。要約した結果❷がメールの上に表示されます。

◆ Copilotによる要約の特徴
- メールが簡潔にまとめられる
- スレッド表示をオンにしている場合、同一スレッドのすべてのメールも含めて簡潔にまとめられる
- 英語のメールを日本語に翻訳してくれる

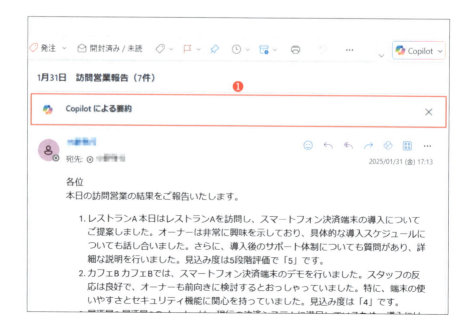

138

> ███は、1月31日の訪問営業の結果を報告しました。
>
> レストランAでは、オーナーが非常に興味を示し、具体的な導入スケジュールとサポート体制について話し合いました。見込み度は「5」です。
>
> カフェBでは、デモを行い、スタッフとオーナーの反応が良好でした。見込み度は「4」です。
>
> 居酒屋Cでは、オーナーが現行の決済システムに満足しているため、導入には消極的でしたが、将来的な検討の余地がありました。見込み度は「2」です。
>
> レストランDでは、オーナーが興味を持ち、次回のミーティングを設定しました。見込み度は「4」です。
>
> カフェEでは、オーナーがコスト面での懸念を示しましたが、機能面には興味を持っていました。見込み度は「3」です。
>
> 居酒屋Fでは、オーナーが非常に前向きな反応を示し、契約書の準備を進めています。見込み度は「5」です。
>
> レストランGでは、オーナーが他の決済システムとの比較を希望しており、詳細な情報を求められました。見込み度は「3」です。

■ 要約機能の効果的な使い方

　Copilotの要約機能が効果を発揮するのは、業務の状況を短時間で大まかに把握したいときです。特にスレッド表示との相性が良く、同じスレッドに数十件メールがあったとしても、ワンクリックでまとめてくれます。

　例えば、新しい業務の担当になったとします。スレッド表示とCopilotによる要約を組み合わせれば、過去1年のメールを1時間で大まかに把握把握できます。多数いる部下の状況を短時間で把握する際にも使用できます。スレッド表示とCopilotによる要約機能を組み合わせれば、状況の把握や業務の引き継ぎに必要な時間が劇的に短くなります。

　スレッド表示はメール見逃しの危険が高い機能で、通常はオフにすることを推奨しますが、「業務の状況を大まかに、短時間で把握したいとき」に関しては便利な機能です。P.32を参考に一時的にオンに変更して使いましょう。

column

予測される「第4次産業革命後の世界」

　今は第4次産業革命の時代とされています。IoT（モノのインターネット）や AI、ビッグデータの活用による技術革新の時代です。

　18世紀末以降の水力や蒸気機関による第1次産業革命、20世紀初頭の電力による第2次産業革命、20世紀半ば以降のコンピューターや通信技術による3次産業革命に続く、新しい産業革命です。

　第4次産業革命が終わった段階で世の中がどう変わるかは誰もわかりませんが、可能性として高いのが、過去の産業革命の再現です。

　かつて、工場に労働力を集結させ手作業で製品を生産する「工場制手工業（マニュファクチュア）」というものが存在しました。これが産業革命の結果、工場で機械により製品を大量生産する「工場制機械工業」に移行しました。工場制機械工業では工場には大型の機械が並び、それを少人数のオペレーターが制御しています。

　第4次産業革命の結果、これと同じことがオフィスで発生すると考えられます。現代のオフィスでは、広いフロアに大量の机と椅子と人を並べて、仕事をしています。これらが大型のサーバーとロボット、それを管理する少人数の人に変化すると、私は考えています。

　CopilotやChatGPTは今も社会を大きく変えていますが、本当の変化は2025年以降に完成すると予測され、人間が行うほとんどの仕事を代行できるとされる汎用人工知能「AGI」の登場を待ってからになるでしょう。

第 **6** 章

メール誤送信を無くす
テクニックを学ぶ

メールの誤送信は、個人や企業に対して、時にさまざまな影
響を及ぼします。効率化以上に誤送信の低減を重視している
企業も多く存在します。ここでは金融機関や大手企業の個人
情報取り扱い現場などで用いられている、メール誤送信の低
減方法を解説します。

01

想像以上に恐ろしい
メール誤送信の影響

■ メール誤送信で企業に生じる損害

　作業の効率化と同様、時にはそれ以上に重要なのが誤送信の低減です。正確さを重視する日本では海外と比較して、誤送信を問題視する傾向が強いのです。

　メール誤送信は、相手への謝罪のみで済む軽微なものから、個人情報保護委員会への報告やホームページでの公表などの対外的な発表が必要なもの、企業の存続自体が困難となる重度のものまで、さまざまなレベルのリスクが発生します。

■ メール誤送信における3つのリスク

◆ 個人情報漏えいのリスク

　メールには、個人情報が記載されている場合が多くあります。個人情報漏えいにはメールアドレスをはじめ、氏名・住所・電話番号などが漏えいする場合も含みます。その結果、個人情報保護法違反として企業がペナルティを受けるケースも少なくありません。

◆ 機密情報漏えいのリスク

　過去には、1通のメール誤送信が原因で、新製品の情報が外部に漏れて発売中止になったケースもあります。また、ビジネスの存続が困難になったケースもあります。

◆ ブランドイメージや信用低下のリスク

情報管理の甘い会社として、会社全体のブランドイメージや信用が損なわれる場合があります。

メールの誤送信が原因で、会社から処分を受ける人もいます。メール誤送信への対応は、個人にとっても、企業にとっても極めて優先度が高い課題なのです。

かつて私が所属していた部署では、得意先への謝罪が必要な誤送信が月に1件程度の頻度で発生し悩んでいました。しかし、作業手順を見直して以来数年間にわたり、得意先への謝罪となるような誤送信は1件も発生していません。本章では、私が実践する誤送信低減の手法を解説します。

■ 4人に1人が経験する「送信先の誤り」

次のグラフは、「勤務先で誤送信メールを送った経験」の発生率に関するアンケートの結果です（サイバーソリューションズ株式会社『企業のメールセキュリティへの取り組みに関するアンケート調査』https://www.cybersolutions.co.jp/news/20240522/）。

この中で突出しているのが、「送ろうとした人とは別の人に誤って送ってしまった」という誤送信で25.9％と、実に4人中1人が経験しています。

次に多いのが、「送ろうとした情報とは別の情報を誤って送ってしまった」の10.0％です。誤ったファイルを添付した、というようなミスがこれに該当します。

3つめに多いのが、「BCCで送るべきところを、誤ってTOまたはCCで送ってしまった」という誤送信で、7.6％の人が経験しています。

発生率は1位と2位より少ないですが、1回の誤送信で数千人に誤送信する場合もあり、発生時の影響が最も大きい誤送信の1つです。Outlookは初期設定でBCCが非表示となっており、存在すら知らない人が意識せず大量誤送信を招くケースが多くなっています。BCCの表示方法に関してはP.45で解説しているので、設定をお勧めします。

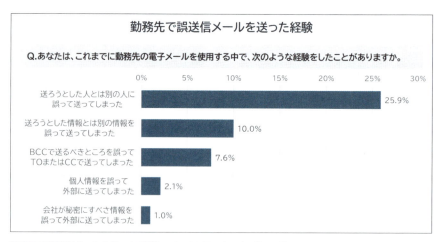

勤務先で誤送信メールを送った経験についてのアンケート（複数回答）
（出典：『企業のメールセキュリティへの取り組みに関するアンケート調査』サイバーソリューションズ株式会社）

「個人情報を誤って外部に送ってしまった」「会社が機密にすべき情報を誤って外部に送ってしまった」の2つに共通している原因は、**書く必要が無い情報を書き過ぎている**、という問題です。これについては「誤送信は起こるという前提で施しておきたい最後の対策（P.153）」で防ぐことができます。

■ 誤送信をどう減らすか

誤送信の発生を減らすには、**発生率の低減と影響の低減**という2つの考え方を組み合わせて対策します。

◆ 発生率を低減する

誤送信が発生する確率を極力下げるには、**Outlookの「送信の取り消し（P.43）」**や**連絡先の登録（P.146）**、**添付ファイルを先に付ける（P.150）**、**送信時のダブルチェック（P.151）**、などが該当します。

適切に対策すれば、ほとんどのメール誤送信の発生を抑えることが可能です。ただし、人間ですから、一定確率で誤送信のリスクが残るという認識は必要です。試しにキーボードで100文字の文章を入力してみると、誰でも数文字程度は打ち間違うものです。人間の作業精度は「100回作業すれば数回

間違える」という程度でしかなく、一定数の作業ミスは残るという認識が必要です。

◆ 発生時の影響を低減する

「メール誤送信は必ず発生する」という前提に立ち、発生時に致命的な影響が生じないようにします。具体的には、個人情報や機密情報をメールで送信しない、個人情報を送信する場合は情報をコードネーム化して内容がわからないようにする、などの対策があります。

誤送信を減らす場合、多くの企業は「発生率を低減する」ことだけに目を向けがちですが、それだけでは誤送信発生の確率が一定程度残ってしまいます。誤送信のリスクをゼロに近づけるには、「発生時の影響を低減する対策」と組み合わせることが重要です。イメージとしては「発生率を低減する対策」を行い、誤送信の発生率を9割低減します。そのうえで「発生時の影響を低減する対策」も併せて行い、誤送信の発生率をさらに9割削減します。

私が所属しているある部署では、かつて数か月に1回の頻度で得意先への謝罪が必要なメール誤送信が発生していましたが、こういった対策を行うことで今は10年程度、得意先への謝罪が必要な誤送信は発生していません。誤送信の発生率をゼロにはできませんが、適切に対策と教育を行えば、ビジネスを行ううえで問題無いレベルに低減できます。

◆ 誤送信のリスクと対策実施による低減効果

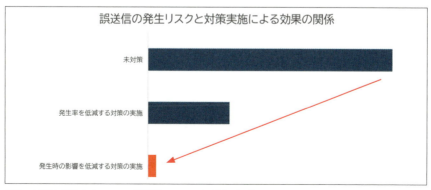

複数の対策を実施することで、誤送信のリスクを大幅に低減できる

02

連絡先を登録して誤送信を防ぐ

■ 別人に送る事故を無くすには

　送り先の間違いは、メール誤送信の中で最も発生頻度が高く、被害が大きくなります。他の会社の、似た名前の人に誤ってメールを送るケースです。先ほどのデータでは、実に25.9％の人が経験していました。

　送り先の間違いは、連絡先の登録を行えば防げます。メールを送る可能性がある人の全員のメールアドレスを必ず連絡先に登録しましょう。

■ 連絡先は「会社名＋部署名＋役職名＋名前＋様」で登録する

　連絡先の登録には、いくつかの方法が存在します。私が最もお勧めするのは、受信したメールを活用する方法です。受信したメールアドレスを活用することで誤入力する心配がなくなり、署名の情報を使うことで相手の名前や会社名などを簡単かつ正確に入力できます。

送信先の名前をクリック❶する

146

［連絡先］をクリック❷し、［連絡先に追加する］をクリック❸する

［保存］をクリック❺すると、登録が完了する

　ポイントは［名］の入力欄に、「会社名＋部署名＋役職名＋名前＋様」を入力❹することです。長くなりすぎないように、多少省略して入力しましょう。［姓］の欄は空欄にしてください。

　Outlookでは、姓と名前のどちらを前にするかをユーザーが選べますが、既定の設定では名前が先に表示されます。姓を空欄にして名前の欄にすべてを入力すれば、設定がどうであれ常に正しく表示されるので、ひと手間減らせるのもメリットです。

147

なお、連絡先の画面を一番下までスクロールすると、［メモ］❻という項目があります。ここに雑談などで入手した相手の情報を残しておくと、後々の信頼構築に役に立ちます。私は受信したメールに書かれた相手の署名をコピーして、メモ欄に貼り付けています。

アップグレード 姓と名は相手に表示される

　連絡先に登録した情報の中で、姓と名の２つの項目は、ToもしくはCCでメールを送信した場合、受信した相手全員に表示されます。そのため、相手に失礼なあだ名などを登録することは絶対に行わないでください。

　また、登録時には「山田太郎様」といったフルネームで登録せずに、「山田様」と名字だけで登録するほうが望ましいでしょう。誤送信時に個人情報漏えいのリスクを軽減できるからです。

　なお、連絡先のメモ欄は、受信した相手には表示されません。相手のフルネームはメモ欄に入力しましょう。

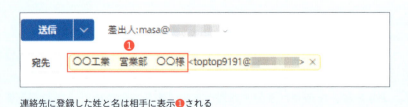

連絡先に登録した姓と名は相手に表示❶される

■ 連絡先を登録するとメール作成も効率化する

　連絡先の登録を行うと、**メール作成時に相手の会社名などを入力するだけで、候補のメールアドレスが表示されるメリット**もあります。宛先を選択した後も相手の名前が一目瞭然なので、別人にメールを誤送信するリスクを下げることにもつながります。

宛先を追加するとき、入力された文字に一致する連絡先があれば候補が表示❶される。連絡先から選択する必要も無いので、効率化に大きく貢献する

03

添付ファイルは最初に付けて
送り間違いを防ぐ

■ 添付ファイルの送り間違いには3つのケースがある

　送信先間違いの次に多い誤送信が、添付ファイルの間違いです。特に多いのが、以下の3つです。添付ファイルの誤送信は、最初にファイルを添付する習慣にすれば防げます。

◆ 添付ファイルの誤送信の代表例
- ■ ファイルの添付を忘れた
- ■ 添付ファイル内に送ってはいけないデータが存在した
- ■ 送りたいものと異なるファイルを送った

■ 最初に添付すると誤送信が減る理由

　送信直前に添付ファイルを付ける人が多い傾向がありますが、この方法は次の大きな問題点を抱えています。

①添付ファイルをつけ忘れるトラブルが多い
②添付ファイルの中身はダブルチェックが望ましいが、シングルチェックと同じになる

　最初にファイルを添付するようにすると、ファイルの添付忘れというミスが発生する確率を完全にゼロにできます。これだけでも大きな効果といえます。添付ファイルの間違いは、ビジネスに深刻な影響を与える可能性が高く、中身のダブルチェックが望ましいといえます。添付ファイルを最後に付ける場合、仮に中身のダブルチェックを行ったとしても、2回連続でチェックするだけになり、ダブルチェックの効果が低くなります。

04

ダブルチェックで誤送信を
10分に1にする

■ ダブルチェックの効果を高める方法

　メール誤送信を低減するためには、送信前のダブルチェックが重要です。これを行うだけで、誤送信の発生を10分の1に減らせます。お勧めするダブルチェックの順番は次の通りです。

---

　① 添付ファイル
　② 宛先（To、CC、BCCの順）
　③ 件名
　④ 本文
　⑤ 宛先（2回目）
　⑥ 件名（2回目）
　⑦ 本文（2回目）
　⑧ 添付ファイル（2回目）

　私は添付ファイルのチェックを重視しているため、1回目と2回目のチェックの間を極力長くするようにこの順番にしています。

■ ダブルチェックの効果を高めるには脳のリフレッシュが有効

　休憩前に下書きしたメールを休憩後に読んでミスを発見した、という経験をしたことはないでしょうか？　ダブルチェックは、1回目のチェックと2回目のチェックとの間隔が長ければ長いほど、効果が高まります。人間の脳は同じ作業を2回連続で行う場合、2回目は1回目の経験を活用し、処理を省略する性質があります。実はこれがダブルチェックの効果を下げてしまうのです。これを防ぐには、5秒間だけ目を閉じて精神を集中させる、といった短いリフレッシュも有効です。

添付ファイルのチェックを重視する観点でお勧めするのは、**最初に添付ファイルを付けて、中身を開いてチェックした後にいったん閉じる**ことです。そして、**メールをすべて書き終わった後に、もう一度添付ファイルを開いて中身をチェックする**、という手法です。この場合2回目のチェックで、1回目のチェックから少し手順を変更すると、脳がリフレッシュされてミスを発見する確率が上がります。

■ いかなるときもダブルチェックを省略しない

忙しいときにダブルチェックを省略する人は多いといえます。社外メールはダブルチェックし、社内メールのチェックは1回だけという人も多いです。しかし、忙しいときやチェック回数を省略したときに限って、メールの誤送信はより多く発生します。**誤送信を減らすには、どのような状況でも、毎回同じ手法でダブルチェックすることが重要です。**

社内メールなら誤送信してよい、ということではありません。むしろ、「あの人はミスが多く危険だから、重要な仕事は任せられない」と判断されかねません。

アップグレード | **より効果的なダブルチェックの方法**

ダブルチェックを行う際、声を出して内容を読む、指で指して行うとさらにチェックの効果が高まります。これは指、口、耳からの刺激が新たに加わり、注意力も上がるためです。可能な範囲、指差しして、声を出しながらチェックを行ってください。私はBPO（ビジネス・プロセス・アウトソーシング、業務の外注）の職場における経験が長いですが、BPO職場でのダブルチェックは一般的に2名で行います。これは極端な例ですが、大量の個人情報を取り扱う職場など、機密度が高い情報を扱う職場では有効な手段です。

05

誤送信は起こるという前提で
施しておきたい最後の対策

■ フェイルセーフという考え方を持つ

フェイルセーフ・デザインという考え方があります。車や飛行機などの乗り物の設計時にも使われる手法です。フェイルセーフ・デザインとは、「失敗しても安全」という設計思想です。

例えば、旅客機の多くは複数のエンジンを積んでいて、仮に1つのエンジンが故障しても、残ったエンジンで安全に飛行できるように設計されています。絶対に壊れないエンジンは作れません。ですから、壊れても安全に飛べるようにしておくのです。

メールの誤送信に関しても、このようなフェイルセーフという考え方が重要です。誤送信は必ず起こる、という前提に立ち、発生した場合でも致命的な状況に至らないようにします。

■ 要配慮個人情報は絶対に書かない

要配慮個人情報とは、個人情報の中でも、特に本人に対する不当な差別や偏見のほか、不利益が生じやすい情報を指します。

個人情報保護法では、1,000件以上の個人情報が流出した場合、個人情報保護委員会への報告義務が発生します。名前・住所・メールアドレスなどが一度に1,000件漏れたら報告の義務があるわけです。それに対し、要配慮個人情報は別格で、1件の漏えいでも、個人情報保護委員会への報告義務が発生するため、重要度に大きな差があります。

153

◆ 個人情報と要配慮個人情報の関係

個人情報

- 氏名
- 住所
- 生年月日

- 電話番号
- メールアドレス
- 会社名

等

要配慮個人情報

- 人種
- 信条
- 病歴

- 社会的身分
- 前科・前歴

　具体的には、「Aさんが妊娠しています」「Bさんがインフルエンザになりました」「Cさんは町内会の会長をしています」といった情報が要配慮個人情報に該当します。こういった情報は、企業内で普通にやり取りしているかもしれませんが、仮に1件でも外部へ漏えいした場合、要配慮個人情報の漏えいとして、厳しい対応を迫られます。

　そもそもメールアドレス自体が個人情報ですが、メールに個人情報を書かないことはありえません。しかし、要配慮個人情報をメールに書かないようにするのは簡単です。

■ 書かざるを得ない場合はコードネーム化を行う

　漏えい時のリスクが高い要配慮個人情報などの情報は、メールに書かないことが重要です。どうしても書かなければならない場合は、外部から見られてもわからないようにコードネーム化しましょう。例えば、「本日はIが4件発生（インフルエンザが4人発生）」などのようにします。

　私が長年携わっているBPOの職場では、業務の開始前に得意先とコードネームを決めるのが一般的です。得意先とメールをやり取りした場合、どこかで誤送信が発生する可能性が一定程度あります。しかし、主要な用語を暗

号化しておけば、誤送信をしても受け取った相手は何の内容かを理解できません。

◆ コードネーム化を取り入れたメール例

❶
POTプロジェクト各位

❷
先日のGOの注文状況をご連絡します。
発注数340件
注文金額232,232円

ここではプロジェクト名❶と主要な製品名❷をコードネーム化している

　すべての情報をコードネーム化する必要はありません。**プロジェクト名・商品名・品種名など、頻繁に使う項目をいくつか暗号化**しておくだけで、外部へ漏えいしても内容の理解が困難になります。

　メール誤送信をした人を叱る上司は多いですが、人間は必ずミスをするものです。ミスが起こる前提で、ミスをしてもダメージを小さくする対応が必要です。それがフェイルセーフの考え方です。

第6章　メール誤送信を無くすテクニックを学ぶ

155

column

負の感情を含んだ言葉は絶対に使わない

　メールはビジネスで最も重要な情報伝達の手段の1つですが、他の情報伝達手段と比較して感情が伝わりにくい、という大きな欠点を持っています。また、**メールは証拠能力が極めて高い情報伝達の手段**です。一度送ったメールは削除や内容の変更はできず、永遠に残ります。他人の心を傷つけるメールを送った場合、相手は何度も読み直して涙を流すかもしれませんし、内容によっては会社から処分を受ける可能性もあります。メールは証拠能力が高いために、相手の心を傷つけるリスク、処分を受けるリスクも他の情報伝達の手段より高いのです。メールが持つ特性を認識し、メールを送る際は以下の点に注意してください。

◆ 感情を含んだ言葉を取り除き、事実のみを的確に相手に伝える

　特に怒りなどのマイナスの感情を含んだ言葉はメールでは絶対に使わないでください。感謝などのプラスの感情は書いても問題ありませんが、感情を伝えるのが難しいメールで強い感情を伝えようとすると誤解を受けるリスクが高くなります。強い表現をメールで使うのは避けましょう。

◆ 送信前に内容を読み直し、ネガティブな表現が無いか確認する

　慣れるまでは先輩や上司に確認をお願いするのもよいでしょう。第5章で解説したCopilotのコーチング機能や生成AIを活用するのもお勧めです。

第 **7** 章

共有メールボックスで
働き方を変える

共有メールボックスは1つのメールアドレスを複数人で共有
して使う機能です。使ったことが無い人も多い機能ですが、
使いこなすと仕事の効率を上げるだけでなく、働く人の精神
的な負荷を減らす効果も期待できます。

01

自由に休み、自由に帰れる環境を作る

■ **グループメーラーとは**

　グループメーラーとは、複数のユーザーが1つのメールアドレスを共有して業務を行うためのアプリケーションです。企業への問い合わせ窓口など、さまざまな場面で実際に使った経験がある人も多いでしょう。

　通常、メールアドレスは個人ごとに発行、グループメーラーでは業務ごと、もしくは得意先ごとに発行します。特定の業務専用のメールアドレスを発行し、複数の業務担当者がそのメールアドレスを使用できるように権限を設定します。

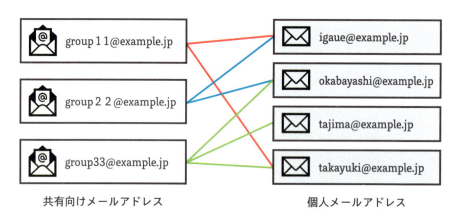

　グループメーラーを使用する場合、有料サービスと別途契約する場合が多いですが、実はMicrosoft 365には標準でグループメーラーが備わっており、Microsoft 365のサービスに加入していれば無償で利用できます。その機能が共有メールボックスです。興味を持った人は会社でも使えないか、システム管理者に問い合わせてみましょう。

■ 共有メールボックスが働き方改革に有効な理由

共有メールボックスを代表とするグループメーラーは、働き方改革にさまざまなメリットをもたらします。

◆ メリット①休みを取りやすくなる

皆さんには、毎日必ず業務はないでしょうか。そして、そのために休暇を取りにくくなったり、休暇の日にスマートフォンやパソコンでその業務を行ったりしていないでしょうか？　休むときには、関係部署や得意先とその都度調整したりしていませんか？

共有メールボックスを使って業務を行えば、その業務のすべてのメールを常に他のメンバーと共有できます。従って、休暇の日にメールをチェックしたり、休む前に関係者と調整したりする必要もなくなります。

◆ メリット②繁忙期の増員が容易になる

共有メールボックスは、複数名でメールを共有できます。そのため、今まで1人で行うしかなかった業務を、繁忙期には複数人で対応しやすくなります。1人の担当者が長時間の残業で行っていた業務も、2人で行えば定時帰りができるかもしれません。

◆ メリット③新人への引き継ぎが容易になる

先輩が忙しく、新人教育の時間を十分に取れない、ということはありませんか？　複数名での共同作業を行える共有メールボックスは、新人教育にも効果を発揮します。新人に共有メールボックスへのアクセス権を付与するだけで、過去のメールがすべて見え、先輩の業務のやり方を把握しやすくなります。新人が書いたメールを先輩がチェックする際、通常は新人の席に先輩が移動するか、メールを紙で印刷して先輩に見せる必要があります。共有メールボックスなら、先輩は自分のパソコンで新人のメールをいつでも簡単にチェックできるので、新人も先輩も負荷が大きく減ります。

◆ メリット④複数名確認でミスや責任が減る

　作業ミスを減らすために、共有メールボックスを活用した複数名でのチェックは大変に有効です。重要な仕事やミスが発生したときに影響が大きい仕事では、共有メールボックスを活用して、複数名でチェックできる体制を整えましょう。

　私の会社では、約6年前、すべての定型業務で個人メールアドレスの使用を禁止し、共有メールボックスを使うようにルールを変更しました。当時は反対意見も多く、発案者である私への風当たりも多少はありました。しかし、6年経過した現在、すべての定型業務は共有メールボックスで行われるようになり、個人のメールアドレスは休みと遅刻の連絡にしか使わないと言う人も多くなりました。

　これは、共有メールボックスが効率化の点で優れているのに加え、働く人の精神的な負荷が軽いためだと考えられます。自由に休み、早退もできますし、ミスをしても他のメンバーが気付いてフォローをしてくれる確率も高くなります。大きい事故が発生しても「分担のルールを決めなかった管理職も悪いので協力して改善方法を考えましょう」というように、担当者個人が1人で全責任を負わず、前向きな方向に展開できます。

■ 共有メールボックスに適した業務とは

　ここまで解説したメリットから、共有メールボックスに適した業務は以下のような業務といえます。

- 毎日必ず行う業務
- 長期的に継続し、将来他の人へ引き継ぐ可能性がある業務
- 繁忙期に長時間残業が発生している業務
- 重要度が高く、複数名でのチェックを行いたい業務

最近、「担当者が代わりました。新しい担当者は○○です」というメールを数か月に1回送ってくる、という企業が増えています。これでは過去にやり取りしているメールが新しい担当者に引き継がれているか怪しいですし、会社自体に大きな問題があると疑われる懸念もあります。こういった、次の担当者に確実に引き継いで行う必要がある仕事は共有メールボックスを使って行うとよいでしょう。「担当者が代わりました」というメールを送る必要も無くなります。

■ 共有メールボックスの作成には管理者権限が必要

　共有メールボックスを使用するには、Microsoft 365の管理者権限を持つ管理者が、管理センターの機能を使う必要があります。これは共有メールボックスでメールの送受信が可能なためです。

　ビジネスの現場では、注文や指示、交渉など重要な対応をメールで行います。誰でも自由にメールアドレスを作成できてしまうと、悪意を持った人物が他人をだます目的で架空の人物のメールアドレスを作成するリスクが発生します。そうならないように、共有メールボックスは管理者権限を持つユーザーしか作成できないよう制限されています。

　新しい共有メールボックスを作成する場合、一般的にはWebのフォーム、もしくはExcelファイルで利用者が申請し、Microsoft 365の管理者権限を持つ人が設定を行う、という手法を用います。申請フォームには次ページのような項目を含めましょう。

161

◆ 申請フォームに記載すべき要素

管理責任者の メールアドレス	共有メールボックスの設定変更を行う人のメールアドレス。何かあった場合の問い合わせ先も兼ねる
希望メールアドレス	共有メールボックスで扱うメールアドレス
共有メール ボックス名	共有メールボックスの名前を日本語で指定する（例：名刺注文受付担当、〇〇問い合わせ窓口）
社外との やり取りの有無	社外との送受信を制限するかどうかを決定する。社外とのやり取りがない職場の場合、制限を行うことで情報流出のリスクを無くせる
用途	共有メールボックスの用途を記載する。共有メールアドレスの整理が必要となった場合、用途を明確にしておくことで管理が容易になる
メンバーの メールアドレス	共有メールボックス内のメールを送受信可能な人のメールアドレス
受信者の 最大人数	メールを送信する際、ToやCC、BCCに最大何人を入れることができるか上限を定める。機密情報の流出事故を減らす効果を期待できる

02
共有メールボックスの2つの表示方法を使い分ける

■ 2つの表示方法の違い

　Outlookの共有メールボックスには、2つの表示方法が存在します。1つめの表示方法は、個人用のメールボックス（受信トレイ、アーカイブ、送信済みトレイ）の下に表示する方法です。本書では便宜上、「同一画面表示方式」と呼びます。もう1つはブラウザー版のみで使用できる方式で、個人用のメールボックスと別のタブで表示する方法です。本書では、「別タブ表示方式」と呼びます。

◆ 同一画面表示形式

◆ 別タブ表示形式

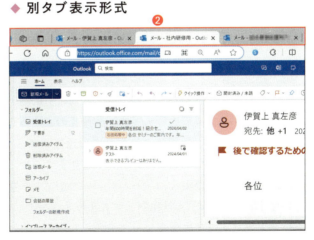

同一画面表示形式は、個人の受信トレイの下に共有メールボックス❶が表示される

別タブ表示形式はブラウザー上でタブに分けて表示❷し、それぞれのタブにメールボックスが表示される

163

■ 管理者にお勧めの同一画面表示方式

　2つある表示形式のうち、同一画面表示方式は、1つの画面で多数の共有メールボックスを見ることができます。そのため、管理職やチームのリーダーが、多数の業務の状況を俯瞰して確認する際に使用します。新着メールを読むのにも便利です。

同一画面表示形式は、1つの画面にすべての共有メールボックスを並べて表示❶できるので、新着メールがあるとすぐに気が付く

　ただ残念ながら、同一画面表示方式は、個別の業務には適していません。なぜなら、異なる業務のメールが混ざるリスクが高いからです。同じ画面にすべてのメールが表示されるため、業務Aのメールを業務Bのフォルダーに移動してしまった、得意先1に対して得意先2のメールを送ってしまった、といった事故が発生するリスクが高くなります。また同一画面方式ではメールを送信する際、差出人のメールアドレスをプルダウンで選べるようになっています。この際に「A社に対してB社のメールアドレスで送ってしまった」というトラブルが発生するケースが多くみられます。そうした意味でも同一画面表示方式はメールを読むときに限定して使い、メールを移動する、返信するなどの作業は別タブ表示方式で行うようにしてください。

◆ **同一画面表示方式に設定する方法**

　共有メールボックスを同一画面表示方式で表示する場合、フォルダーの右にある［…］❶をクリック、［共有フォルダーまたはメールボックスの追加］❷をクリックし、作成した共有メールボックスのメールアドレスを検索❸します。メールアドレスを発見したらそのメールアドレス❹をクリックし、［追加］❺をクリックして登録完了です。検索しても共有メールボックスが表示されない場合、登録が正常に完了していないおそれがあります。その場合はMicrosoft 365の管理者に問い合わせましょう。

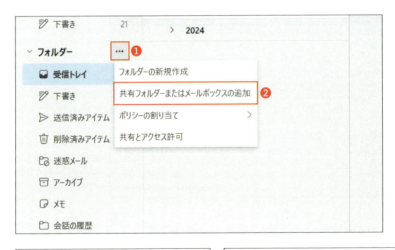

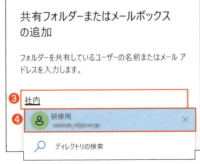

165

■ 実務担当者にお勧めの別タブ表示方式

　残る別タブ表示方式とは、下の図のように1つの共有メールボックスを1つのタブとして表示する方式です。例えば3つの共有メールボックスを表示する場合、3つのタブにメールボックスが分かれます。この方式のメリットは、返信時のメールアドレスと署名を自動で固定できる点です。

メールボックスを別のタブに表示❶すれば、混同を防ぐことができる

　例えば、「吉岡工業・資材注文受付」と「リフォーム石井・問い合わせ受付」という2つの共有メールボックス（＝2つのメールアドレス）があると仮定します。そこで、「吉岡工業カレンダー注文受付」宛に届いたメールに対し、「リフォーム石井・問い合わせ受付」のメールアドレスや署名で返信を行ったらどうなるでしょうか？　相手は混乱するでしょうし、仮に「吉岡工業」と「リフォーム石井」が競合企業だった場合、なぜ同じ担当者が競合企業を担当している、と大きなクレームになり、業務の継続すら難しくなるかもしれません。

　別タブ表示方式を使う場合、返信時のメールアドレスは受信メールのアドレスに自動設定されるため、別タブ表示方式では差出人のメールアドレスはその共有メールボックスのアドレスに固定されます。同一画面方式で発生し

やすい、「A社に対してB社のメールアドレスを使って返信してしまう」という事故は発生しにくいのです。またそもそも画面が異なるので、A社のメールをB社のフォルダーに移動してしまう、といった事故も発生しません。このため、実務を担当する人は、必ず別タブ表示方式を使用しましょう。

◆ 別タブ表示方式に設定する方法

別タブ表示方式で表示したい場合、Outlookの画面右上にある、［アカウントマネージャー］❷をクリックしましょう。［他のメールボックスを開く］❸という項目があるのでクリックし、登録したい共有メールボックスを探し❹、［開く］❺をクリックします。

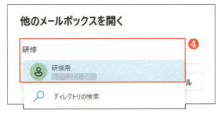

検索しても共有メールボックスが表示されない場合、Microsoft 365の管理者による登録が終了していない可能性があります。管理者に状況を問い合わせてください。

アップグレード　別タブ表示形式をお気に入りの登録で効率アップ

　別タブ表示方式を使う場合、毎回パソコンにログインするたびに、自分が担当するすべての業務の共有メールボックスを開く作業が発生します。そこでタブに表示した共有メールボックスは、ブックマークに登録しておくと効率がアップします。よく使う共有メールボックスは必ず登録しましょう。

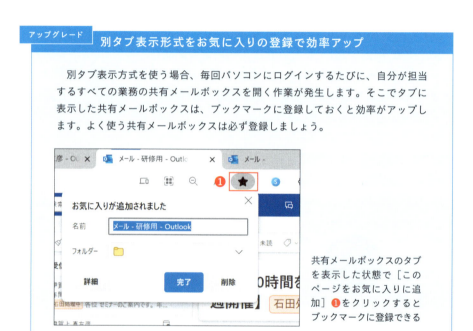

共有メールボックスのタブを表示した状態で［このページをお気に入りに追加］❶をクリックするとブックマークに登録できる

03
共有メールボックスの メリットを最大限に引き出す方法

■ 共有メールボックスで担当を割り振る2つの方法

　共有メールボックスを適切に活用すると、メールの処理漏れや二重返信をなくし、安全かつ効率的に業務を行えます。ただそのためには、メンバー全員が作業方法のルールを決め、そのルールを守ることが重要です。

　チームでメールを分担管理する場合に思いつくのは、担当者ごとのフォルダーを作り、割り振る方式です。割り振りは、チームのリーダーが手で行うか、自動仕分けを設定する方法、もしくはPower Automateでルールを設定し自動で割り振る方法を用います。この手法は担当者同士が連携する必要がなく、個人で業務を完結できる場合に適しています。

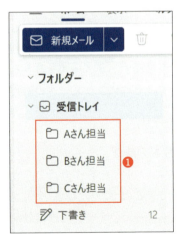

担当者ごとにフォルダー❶を作り、メールを振り分ける例

　もう1つの方法が、分類項目の機能（P.88）を使い担当者を割り振る方式です。作業中のメールは受信トレイに入れたまま移動させず、すべての処理が完了した段階でアーカイブなどに移動させます。

分類項目❷で担当者を割り振った例

■ お勧めは分類項目を使った割り振り

　2つの方式のうち、筆者がお勧めするのは分類項目を用いた管理方法です。担当者ごとのフォルダーにメールを移動させる方法は、移動時に誤って別のフォルダーへメールを移動してしまい、そのままメールが行方不明になるケースが多いからです。例えば、「処理が完了していないメール」を「処理完了」のフォルダーに移動してしまう、Aさんが処理すべきメールをBさんのフォルダーに入れてしまう、といった事故です。それによりメールの処理漏れや二重対応が発生します。

　それに対し、分類項目を使い担当者を割り振る方法は、メールをフォルダーに移動させないので、メールが行方不明になる心配がありません。また、進捗状況をわかりやすく色分けすることもできるので、メンバー全員が他のメンバーの進捗状況を確認し、お互いにフォローし合えます。作業効率の改善には分類項目の色も重要です。お勧めは処理中のメールは赤など目立つ色、保留中は緑や青、処理完了のメールは灰色など目立たない色に設定する方法です。

アップグレード　共有メールボックスの分類項目には必ず担当者の名前を入れる

　共有メールボックスでメールの進捗管理を分類項目で行う場合、分類項目に必ず担当者の名前を入れてください。

　共有メールボックスで発生しがちなのが、分類が「処理完了」になっていたのに、実際は誰も処理していなかった、というケースです。誰かが誤って「処理完了」の分類項目を付与してしまうと、その時点でそのメールの処理漏れがほぼ確定します。それに対し、「山上処理完了」というように分類項目に名前を入れておくと、山上さんが「自分はこのメールを処理していない」と気付いて対応できる可能性が高くなります。

　また、「保留中」となっているものの、誰が何のために保留したのかわからず、永久に保留されてしまうトラブルもよく発生します。こうしたトラブルを防ぐために、共有メールボックスの分類項目には、担当者の名前を入れることを強くお勧めします。

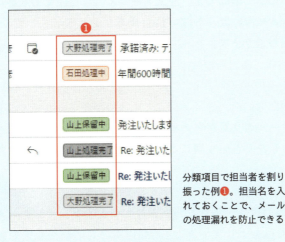

分類項目で担当者を割り振った例❶。担当名を入れておくことで、メールの処理漏れを防止できる

第7章　共有メールボックスで働き方を変える

04

自動返信メールの使い分けで
満足度と効率をアップ

■ サンクスメールを自動返信で送る

　共有メールボックスを使う大きなメリットの1つが、サンクスメールの自動返信です。サンクスメールとは、「ご注文ありがとうございました」といった、お礼や受信確認を目的としたメールです。

　通常、サンクスメールを送る場合は、メールの文面を読み、内容に応じた言葉を選んで返信するのが一般的です。注文メールには「ご注文ありがとうございました」、別のメールには「お問い合わせありがとうございました」などと内容を考えながら送ります。

　それに対し、共有メールボックスは、注文受付用、問い合わせ用、というように、単一の目的のために専用のメールアドレスの作成が可能です。そのため、毎回サンクスメールの文言を考える必要がなく、お客様全員に「ご注文ありがとうございました」という同じ文言を自動メールで返信しても問題がありません。

　メールは24時間以内の返信が望ましいとされていますが、サンクスメールを自動で送ればこの点をクリアでき、24時間以降の対応をクリアできます。サンクスメールを送るためだけの残業がある場合は、対応を完全に自動化できるのは大きなメリットです。

自動サンクスメールは、設定画面の自動応答の項目から設定します。自動応答の設定が完了したら、そのメールアドレスに対して空メールを送信し、正しく動作しているかを確認しましょう。

［メール］をクリック❶し、［自動応答］をクリック❷する。［自動応答は有効］をクリック❸してオンに切り替え、期間を設定❹。自動応答の文言を入力❺し、［保存］をクリック❻する

　自動サンクスメールには、個人情報や企業の機密情報などの機微な情報は載せないように注意してください。迷惑メール業者から届いたメールに対して個人情報や機密情報を教えてしまうことになります。

　共有メールボックスは、Outlookで働き方改革を行うために根幹となる機能です。使ったことが無い人はMicrosoft 365の管理者へぜひ相談してみてください。業務効率アップと、精神的な負荷の低減を実現できます。

173

column

洩れ、二重処理なく安全にメールを処理するコツ

　　共有メールボックスは1人での処理が難しい大量のメールを、処理洩れや二重処理なく効率的に処理する際にも役に立ちます。

　　そのためにはメンバーが作業のルールを定め、守っていくことが重要です。それぞれの人が異なるルールで作業すると、むしろ処理洩れや二重処理が多発する結果を招きます。

■ お勧めのルール

◆ 処理が完了したメールはすぐにアーカイブに送るのではなく、終業前に再確認してからまとめて送る

　　すぐにアーカイブに送ると、処理が完了していないメールを誤って送ってしまう事故が発生します。一定時間置いたうえでダブルチェックしてから送ることで、アーカイブに送ることで事故の発生がなくなります。

◆ 処理が完了したメールはアーカイブではなく、日付の入ったフォルダーに送る

　　インボックス・ゼロの手法ではフォルダー分けによるメールの管理を基本行いませんが、共有フォルダーを使って行う仕事では、日付ごとのフォルダーを作りメールを管理する方法がよく行われます。これは発注など件数を厳密に管理する必要がある業務に使用されることが多いためです。「本日の発注メール件数は30件」といった管理を行うためにはフォルダー分けが有効です。

第 **8** 章

Power Automateで
メールを自動処理する

ここでは業務自動化アプリ Power Automate を活用した
メール処理の自動化について解説します。Power Automate
は Microsoft 365 のサービスに加入している場合は基本、
追加料金なしで使用できます。Power Automate は請求書、
納品書などの定型メール、宣伝メールなどさまざまなシーン
で大幅な効率化を期待できます。ある会社では毎月、数十時
間かけて行っていたメール送信を自動化した例もあります。

01

もはや現代の読み・書き・そろばん。プログラミングで業務を自動化する

■ プログラミングの知識無しで業務を自動化

　小学校から高校までのプログラミング教育の義務化や、大学でのプログラミング学習の推進により、プログラミングはもはや現代の社会人の必須スキルと言われるようになりました。

　プログラミングは自分には難しい、と考える人も多いですが、現代は誰でも簡単に使えるツールがあり、AIを活用すればプログラミングの知識が無くても業務の自動化が可能です。コピー＆ペーストの方法を理解していれば、かなりの自動化が行えるため、従来と比較して業務への活用のハードルが桁違いに低くなりました。

■ プログラミングで自動化できるのは定型業務のみ

　会社で行う仕事は、定型業務と非定型業務の2つに分類されます。

	定型業務	非定型業務
業務プロセス	固定化されている	固定化されていない
マニュアル化	可能	困難
アウトプットの質	誰が行っても同じ結果	行う人によって質が異なる
発生のタイミング	定期的	突発的
プログラミングでの自動化	容易	困難

176

定型業務は、業務の手順が定まった、マニュアル化しやすい業務を指します。「毎日13時に注文データをダウンロードし、加工したら次の工程に連絡する」といった業務が該当します。

対して非定型業務とは、形が定まっていない、マニュアル化が困難な業務を指します。「得意先に新規ビジネスを提案する」「前例が無いトラブルに対して対応する」といった業務が該当します。

現在、プログラミングで自動化を行えるのは、パソコンで行う定型業務に限られます。マニュアル化すら困難な業務については、プログラミングで自動化できません。

ChatGPTに代表されるAIやAIを搭載した人型ロボットの開発が進んでおり、将来的にはパソコンを使わずに行われる非定型業務の自動化も進むと考えられます。

アップグレード　定型業務の自動化はAIには適していない

定型業務は誰が行っても同じ結果になる、というのが重要になります。例えば請求のメールがあった場合、そのフォーマットがメールを作った人によって毎回異なったら、受け取る人は困ります。

現在は人間に匹敵する知能を持ったAIも開発されていますが、実はAIは毎回同じ結果を出すのが不得意です。ハルシネーション（幻覚）と呼ばれる、AIが誤った情報を出力する問題も解決していませんし、内部の処理がブラックボックス化され、解析ができない点も問題です。今後AIによって非定型業務の自動化は進みますが、定型業務の自動化は今後もPower Automateなどによるプログラミングが使われると考えられます。そのため、AI時代でもPower Automateが無意味なものになる心配は今のところありません。

02

業務自動化アプリ
「Power Automate」とは

■ RPAとは

2017年頃から業務自動化アプリのRPA（ロボティック・プロセス・オートメーション）が世界的なブームとなりました。最盛期には、おそらく100種類を超えるアプリが存在していました。皆さんの会社でも、なんらかのRPAを導入されたのではないでしょうか。RPAが世界的に注目されたのは、以下の2つの理由があります。

◆ RPAがブームとなった2つの理由
・部品を組み合わせて簡単にプログラミングができる
・スケジュール実行が可能で、無人で実行できる

RPAと類似したものとして、Excelマクロ（VBA）があります。マクロはExcelに標準搭載された機能で、マウスとキーボードの動きを記録し、自動化用のプログラムを自動で生成する機能です。非常に便利な機能なので、Excelの作業が多い場合はぜひ試してください。「業務自動化≒Excelマクロ」と言える状態が長く続きましたが、RPAの登場によりパソコン全体の自動化を、ITエンジニアではないビジネスパーソンが行えるようになりました。RPAブームは、次の2つのアプリの登場で新たな区切りを迎えます。

- 2019年に登場したクラウド上の業務プロセスを自動化する
  Microsoft Power Automate
- 2021年に登場したWindows搭載パソコンでの作業を自動化する
  Microsoft Power Automate Desktop（デスクトップ版 Power Automate）

RPA登場時は、1ライセンス年間数十万円程度と高額なものも多かったのですが、現在はPower AutomateとPower Automate Desktopのほとんどの機能が無料で使用できます。Power AutomateとPower Automate Desktopは、RPAのデファクトスタンダード（事実上の業界標準）といってもよいかもしれません。

■ 2つのPower Automateの違いを知る

Power AutomateとPower Automate Desktopの主な違いは、動作する環境です。Power Automateはクラウド上で動作し、Power Automate Desktopはパソコン上で動作します。

◆ 2種類あるPower Automate

	Power Automate	Power Automate Desktop
動作環境	クラウド上で動作し、Webブラウザーを用いて設定を行う	Windowsパソコン内で動作する
主なプログラム実行のタイミング	トリガーやスケジュールを設定し自動で実行	パソコンの電源が入っているときに、手動で実行する
データの加工対象	クラウド上（SharePoint、Teams、OneDriveなど）のデータ	Windowsパソコン内のデータ
メリット	・Microsoft 365や他のWebサービスと連携した自動処理が得意 ・パソコンの電源が切れていても自動で実行可能	・特定のパソコンでトラブルが発生した場合も他のパソコンで処理を行える ・マウスとキーボードの動きをレコーディングし、簡単にプログラムを組める
デメリット	クラウド上で動作するためシステムトラブルが発生した場合、動作させる手段が無い	無人実行が苦手で、基本は手動で動作させる
Outlook関連のアクション数	44種類 （トリガー含む）	7種類
新しいOutlookへの対応	○	× （従来のOutlookのみ）

179

Power Automate Desktopは、現在販売されているすべてのWindowsパソコンに購入時からインストールされており、無償で使用が可能です。古いWindowsパソコンでも手動でダウンロードすれば無償で使えます。

これに対し、Power AutomateはMicrosoft 365のサービスに含まれており、サービスに加入していれば追加料金が不要で利用できます。Power Automateは、クラウド上で動くサービスなので、パソコンにアプリをインストールする必要はありません。

本書では、Power Automateに絞って使い方を説明します。これは、Power Automate Desktopが新しいOutlookに対応していないためです。また、Power AutomateがOutlook系のアクションを44種類持つのに対して、Power Automate Desktopは7種類に限られます。Outlookの自動化に関してはPower Automate DesktopよりPower Automateのほうが優れています。

Power Automate Desktopも大変便利なアプリです。特に優れているのがマウスとキーボードの動きを記録してプログラムを自動生成する機能です。Power AutomateとPower Automate Desktopは、使い方や考え方が似ています。Power Automateの使い方を習得すれば、Power Automate Desktopも自然に使えるようになります。本書でPower Automateの使い方を習得した人は、次にPower Automate Desktopにチャレンジするとよいでしょう。

03

Power Automateの基本

■ 自動化に必要なフロー、トリガー、アクションとは

　ここでは、Power Automateを使うために知っておくべき用語や機能について説明します。ここではOutlook関連のトリガーとアクションの一部を解説していきますが、これ以外にも多数のトリガーとアクションが存在します。初めての人はどれを使えばよいか迷うかもしれませんが、生成AIのCopilotやPower Automateのチャットボットから質問して、必要なトリガーやフローを探しましょう。

◆ フロー・トリガー・アクションの関係

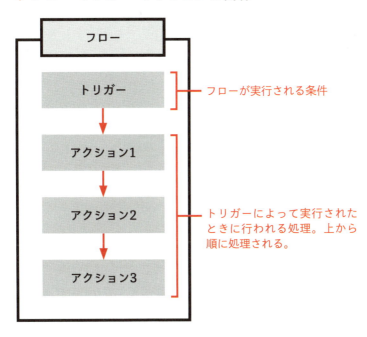

◆ フロー

　Power Automateでは、作成した自動化プログラムを「フロー」と呼びます。フローでは、主に「トリガー」と「アクション」の2つの部品を組み合わせて作成します。

◆ トリガー

　フローが自動実行される実行条件です。1つのフローは、必ず1つのトリガーを持ちます。Outlook関連のトリガーとして、以下のようなものが存在します。

Outlook関係のトリガー例
- 新しいメールが届いたとき（V3）
- 新しいメールが共有メールボックスに届いたとき（V2）
- メールにフラグが設定されたとき（V3）
- イベントが追加、更新、削除されたとき（V3）

Outlookに関連するトリガーの例

　末尾についているV2、V3は、そのトリガーのバージョンを指しており、大きい数字のほうが新しいものです。同じ名前で異なるバージョンが存在する場合、基本は新しい番号のものを使用しましょう。

　一部に「プレビュー」と表示されたトリガーがありますが、これは十分な検証や開発が完了していない、実験的な新機能を表します。業務自動化用のプログラムでは、長期的かつ、安定して動くことが重要です。プレビュー段階の機能を使う場合、突然仕様が変更されるなど一定のリスクが存在するので注意しましょう。

◆ アクション

　トリガーの条件が満たされた場合に実行される1つ1つの処理が「アクション」です。アクションは、フローの中に少なくとも1つ、場合によっては複数を収納します。アクションは、フローの中で上から下へと順番に実行されます。

Outlook関連のアクション例
- メールの送信（V2）
- 共有メールボックスからメールを送信する（V2）
- メールの転送（V2）
- メールの削除（V2）
- メールを移動する（V2）

■ Power Automateで知っておきたい4つの機能

　Power Automateの操作は、主にナビゲーションウィンドウ❶から行います。多くの項目がありますが、使用頻度が高い［作成］［テンプレート］［詳細］［マイフロー］の4つを覚えるだけで十分でしょう。各項目の主な機能は次ページの通りです。

◆ 各メニューの主な機能

項目名	主な機能
作成	新しい自動化プログラムを作成する
テンプレート	あらかじめ用意されたテンプレートから選んで自動化プログラムを作成する。テンプレートが存在する場合、簡単に自動化が行える
詳細	Power Automateのマニュアルなどを確認できる
マイフロー	過去に自分が作成した自動化プログラムを確認、更新できる
承認	承認の機能を使用できる
ソリューション	PowerAppsなど他のMicrosoftのアプリと連携する機能を作成できる
プロセスマイニング	組織全体で行われている業務を分析し、自動化に適した業務を探すことができる
AIハブ	AIモデルを作成できる
オートメーションセンター	自動化プロセスの実行状況を確認できる
デスクトップフロー活動	クラウドではなく、パソコン内で実行される自動化プロセスの実行状況を確認できる

■ 安全に自動化を始めるには

　自動化プログラムを開発する場合、トラブルやプログラムのバグにより、大切な業務のメールやデータを破損、もしくは外部に流出するリスクが少なからず存在します。トラブルを避けるため、普段の業務環境とは別に、開発用環境を用意するのが望ましいでしょう。

■ 自動化プログラム作成に必要な環境づくり

　Power Automateでメール自動化プログラムを作成するため、以下の環境を用意しましょう。会社で制限している場合もあるため、可能な範囲でかまいません。

◆ プログラム作成用のメールアドレス（もしくはアカウント）を用意する

日常業務で使用中のメールアドレスを使ってプログラムを作成すると、業務用のメールが破損したり、外部送信して流出したりするリスクがあります。そこで、業務では使用しないメールアドレスを新たに用意して、こうしたリスクを減らします。プログラムを作成するための専用の共有メールボックス（第7章）を作るのも有効な手段です。企業によってはフロー作成用にMicrosoft 365のアカウントを発行する場合もあります。個人のメールアドレスでプログラムを作ると、その人が異動や転職した際にすべてのプログラムが動作しなくなる問題も発生します。逆にそのプログラムを停止した場合、会社全体の業務に影響するリスクがあり、止めてよいかすらも判断できないケースもあります。こういった管理されていない自動化プログラムは野良ロボットと呼ばれることもあります。野良ロボットを発生させないためには、長期的に使う自動化プログラムは個人ではなく、プログラム作成用のメールアドレス、もしくはアカウントを用意することをお勧めします。

◆ ダミーのメールやデータを用意する

実際の業務で使用中のメールやExcelなどのファイルは、個人情報や機密情報が含まれる場合が多く、流出やデータ破損のトラブルなどが起こった場合に受けるダメージが大きくなります。ダミーのメールやファイルを用意するとよいでしょう。

業務用の自動化プログラムを作成する場合は、自分以外の人にプログラムの安全性の確認や動作チェックを依頼することが望ましいです。しかしその際、個人情報や機密情報が含まれたメールやExcelなどのファイルも他人に見せる必要が生じ、問題となります。そういった意味からも、他人に見せても問題が無い、ダミーのメールやデータを用意しましょう。

■ ブラウザーからPower Automateを起動する

　初めてPower Automateを起動する場合は、ブラウザー版のOutlookから起動するのが簡単です。以下の方法でPower Automateが表示されない場合、[その他のアプリ]をクリックして、その中から探してください。[その他のアプリ]の中にもPower Automateが無い場合、Microsoft 365のサービスに未加入か、システム管理者が使用できないようにしている可能性が考えられます。システム管理者に確認してください。

Outlookの画面左上にある[アプリ起動ツール]❶をクリック。アプリの一覧が表示されたら、[Power Automate]❷をクリックする

Power Automateが表示される。ブックマークを登録すれば次回からの起動が簡単になる

04

Excelの表を基に定型メールを一斉送信する

■ Power Automateで一斉メールを自動送信するメリット

　Excelの表を基にして、Power Automateで以下のようなメールを自動で一斉送信するフローを作成します。この方法は、営業部、総務部、研修部など、一斉メールを送信する業務が多い部署で高い効果を発揮します。BCCを使い1回で送るケースに対して、Power Automateを活用して下書きを作成することで、以下のようなメリットがあります。

Power Automateを使うことで会社名と名前❶、着荷日の日付❷をExcelの表に基づいて個別のメールを作成して送信できる

◆ Power Automateで一斉メールを送るメリット
- 件名や本文を1通ごとにカスタマイズができ、それぞれの相手に対して異なる内容を伝えることが可能になる
- メールの開封率が上がる
- 宛先違いによる誤送信を低減できる

　メールの開封率が上がるのには秘密があります。BCCで一斉メールを送る場合、本文の頭に書くメールの宛先は「各位」とする場合が多いものです。「各位」というメールでは、自分には関係無いメールと判断され、それ以上

メールを読まない傾向が強いと言えます。そこでPower Automateを使い、宛先を「●●工業　井上様」というように個別の内容に変えることで、開封率の向上を狙うことができます。

また、誤送信が発生するリスクも低減します。Excelの表を基にコピー＆ペーストを使って大量のメールを送っている人がいますが、コピー＆ペーストを失敗し、Aさんに対してBさんの情報を送ってしまう、という事故が多く発生しています。Power Automateで一斉メールを送る場合、コピー＆ペーストのミスを抑制できます。

■ メールの送信リストとなるExcelファイルの用意

まずはメールのもとになるExcelファイルを用意しましょう。以下を参考に作成してください。今回は商品を注文したすべての人に対して、商品の着荷日を連絡するメールを例にしています。各列は、以下のようにメールの各項目に対応しており、Excelの1行が1通のメールに該当します。Excelファイルの注意点と共に解説していきます。

◆ Excelファイル上のデータとメールの対応関係

188

■ 注意点① Excelファイルを Microsoft 365 のサービス上に保存する

　Power Automate が処理できるのは、Microsoft 365 のクラウド上に置かれたファイルのみです。作成した Excel ファイルは、SharePoint、Teams、OneDrive に保存する必要があります。

■ 注意点② 加工したいセルをテーブルとして設定する

　Power Automate は、テーブルとして設定された部分のデータだけを処理します。図のように、取り込みたい値が入った部分を選択し、［挿入］❶ →［テーブル］❷→［OK］❸ とクリックして設定します。

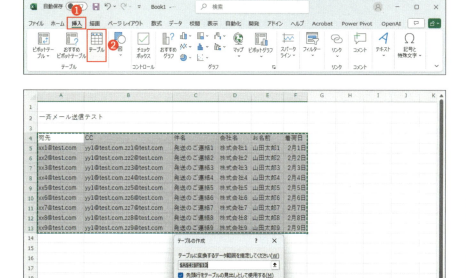

■ 注意点③ テーブルの先頭は項目名として使う

　テーブルとして設定した部分の一番上の列は項目名❶として使用されます。トラブルを避けるため、「改行を入れない」「10文字以内にして見やすくする」「環境依存文字を使わない」など、注意して使用してください。

■ 注意点④ セルの書式は［文字列］にする

　セルを選択した状態で右クリックし、セルの書式設定から［文字列］に変更しましょう。Excelはセルに収納された値と、画面に表示される値が異なることがあります。Power AutomateでExcelファイルを読み込んで使う場合、セルに収納された値を使うため、画面に表示される値とは差が生じます。セルの書式を文字列型にすれば、セルに収納された値と表示される値が一致するので、文字化けなどのトラブルを防げます。

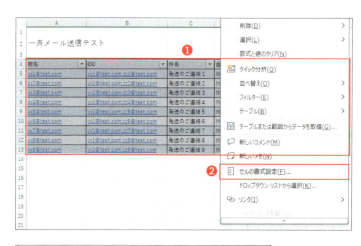

セルの書式を文字列型にする場合、設定したい範囲を選択❶して右クリック、表示されたメニューで［セルの書式設定］をクリック❷する

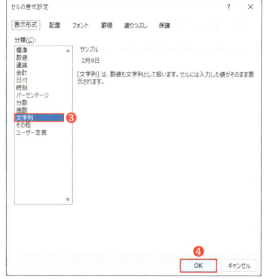

セルの書式設定の画面が開いたら、［文字列］❸-［OK］の順にクリック❹すると設定が完了する

■ 注意点⑤　テスト時、宛先はすべて自分のメールアドレスにする

　テスト段階では、宛先のメールアドレスはすべて、自分のメールアドレスを入力してください。今回の例では、「宛先」「CC」の2つの列はすべて、自分のメールアドレスを入力してください。十分にテストを行い、設定ミスが無いことを確認したうえで実際に送るべき人のメールアドレスに変更してください。

　プログラムは何度もテストを行い完成させるのが一般的ですが、宛先のメールアドレスに他の人のメールアドレスを入力すると、テストのメールがすべてその人に送られてしまいます。宛先として存在しないダミーのメールアドレスを使う方法もありますが、その場合、メールの送信に失敗し、テストも途中で中断されてしまいます。テスト段階ではメールの送信と受信を両方確認するためにも、すべて自分のメールアドレスとするのがよいでしょう。テスト専用に共有メールボックスのメールアドレスを作成する方法もあります。

	A	B	C	D	E	F
1						
2	一斉メール送信テスト					
3		❶				
4	宛先 ▼	CC ▼	件名 ▼	会社名 ▼	お名前 ▼	着荷日 ▼
5	xx1@test.com	yy1@test.com,zz1@test.com	発送のご連絡1	株式会社1	山田太郎1	2月1日
6	xx2@test.com	yy1@test.com,zz2@test.com	発送のご連絡2	株式会社2	山田太郎2	2月2日
7	xx3@test.com	yy1@test.com,zz3@test.com	発送のご連絡3	株式会社3	山田太郎3	2月3日
8	xx4@test.com	yy1@test.com,zz4@test.com	発送のご連絡4	株式会社4	山田太郎4	2月4日
9	xx5@test.com	yy1@test.com,zz5@test.com	発送のご連絡5	株式会社5	山田太郎5	2月5日
10	xx6@test.com	yy1@test.com,zz6@test.com	発送のご連絡6	株式会社6	山田太郎6	2月6日
11	xx7@test.com	yy1@test.com,zz7@test.com	発送のご連絡7	株式会社7	山田太郎7	2月7日
12	xx8@test.com	yy1@test.com,zz8@test.com	発送のご連絡8	株式会社8	山田太郎8	2月8日
13	xx9@test.com	yy1@test.com,zz9@test.com	発送のご連絡9	株式会社9	山田太郎9	2月9日

テスト段階では宛先とCCのメールアドレスはすべて、自分のメールアドレス❶にする

■ 注意点⑥　複数のメールアドレスは、;（セミコロン）でつなぐ

　宛先が複数の場合、メールアドレスを「;」（セミコロン）で区切って入力します。

　例：　AAA@example.com;BBB@example.com

以上の設定が完了したら、今回はExcelファイルをOneDriveに保存しましょう。ここではOneDrive直下にExcelファイルを保存していますが、実際は「自動化」といった名称のフォルダーを作成し、そこに保存するのがお勧めです。

［ファイル］タブをクリック❶する

［名前を付けて保存］❷→［OneDrive］❸の順にクリック。その後、ファイル名を入力❹し、［保存］❺をクリックすると保存が完了する

■ Power Automateでフローを作成する

　Power Automateを立ち上げてフローを作成しましょう。今回作成するフローの全体像は次のようになります。

自動ではなく、手動でフローを起動❶し、Excelファイルを読み込む❷。データを1行1行読み込んで、メールとして送信❸する

◆ 作成するフロー

　それでは、実際にメールの自動送信するプログラムを作成しましょう。今回のフローは自動実行ではなく、人間が手動で実行します。そのためインスタントクラウドフローを使用します。

　Power Automateはマイクロソフトが管理するクラウド上で動いており、パソコンの電源が切れている状態でも指定した条件で自動実行することが可能です。休日に出勤して毎週行っていた作業を自動化し、出勤の必要がなくなった、というケースも多く存在します。

　ただ、慣れていない人がいきなり自動実行するプログラムを作ると、予想外のトラブルに対応できず、深刻な問題を発生させる場合もあります。まずは人間が手で実行するインスタントクラウドフローで試し、慣れた後に自動実行にチャレンジするとよいでしょう。

メニューから[作成]❹-［インスタント クラウド フロー］❺の順にクリックする

画面が切り替わったら、フロー名に「自動送信」と入力❻し、［フローを手動でトリガーする］❼-［作成］❽の順にクリックする

画面が切り替わったら、［+］❾-［アクションの追加］❿の順にクリックする

アップグレード ┃ **フローを作成するための6つの方法**

フローの作成には、次の6つの方法があります。これら6つの中から、作りたいフローに近いものを選びます。どれを使うか迷った場合は、④の「記述して作成する」を選択してAIのサポートを受けるとよいでしょう。

①自動化したクラウドフロー

指定した条件で自動実行されるフローを作成します。

②インスタントクラウドフロー

人間がボタンを押すと自由なタイミングで実行するフローを作成します。

③スケジュール済みクラウドフロー

時間と頻度を指定して実行するフローを作成します。「毎日朝9時に注文データをダウンロードし出荷工程にメールで送る」といったものです。

④記述して作成する

作りたいフローの内容を文字（プロンプト）で入力し、AIがフローを作成します。

⑤デスクトップフロー

Power Automate Desktopでフローを作成する場合に使用します。Power Automate Desktopが起動します。

⑥プロセスマイニング

組織が組織内で行われている業務内容を分析し、改善の余地がある業務を探す機能です。

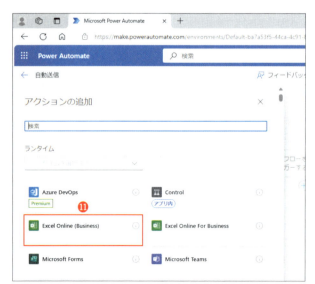

「アクションの追加」画面が表示されたら、［Excel Online Business］⓫をクリック

［表内に存在する行を一覧表示］⓬をクリックする。このアクションは、Excelのテーブル内のデータを読み込み、その中の1行1行に対してなんらかの処理を行う機能となっている

画面が切り替わったら、表示された次の4つの項目を以下のように設定する⓭

◆ パラメーターの設定

①場所	ファイルが保存されている場所です。ここでは［OneDrive for Business］を選択する
②ドキュメントライブラリ	どこにデータが保存されているかを選択する。ここでは［ドキュメント］を選択する
③ファイル	データを読み込むExcelファイルを選択する。ここでは作成した「メール送信」を選択する
④テーブル	Excelファイルの中にあるテーブルのうち、どれにデータを書き込むかを選択する。今回のExcelファイルはテーブルを1つしか持っていないため、［テーブル1］を選択する

［＋］❶-［アクションの追加］❶の順にクリックして、メール送信のアクションを追加する

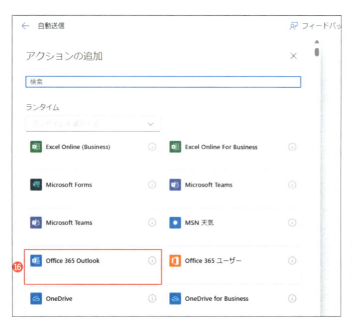

表示された「アクションの追加」画面で、［Office365 Outlook］❶をクリックする

198

アクションの追加

← 検索に戻る

Office 365 Outlook
Microsoft Office 365 は、堅牢なセキュリティ、信頼性、ユーザーの生産性に対する組織のニーズを満たすために設計されたクラウドベースのサービスです。

HTTP 要求を送信します		ⓘ
イベントの作成 (V4)		ⓘ
メールにフラグが設定されたとき (V3)	トリガー	ⓘ
メールの送信 (V2) ⑰		ⓘ
新しいメールが届いたとき (V3)	トリガー	ⓘ
電子メールにフラグが設定されたとき (V4)	プレビュー トリガー	ⓘ
連絡先の作成 (V2)		ⓘ
イベントが追加、更新、削除されたとき (V3)	トリガー	ⓘ
イベントが変更されたとき (V3)	トリガー	ⓘ
イベントのカレンダー ビューの取得 (V3)		ⓘ
イベントの更新 (V4)		ⓘ
イベントの削除 (V2)		ⓘ

［メールの送信］⑰を
クリックする

　ここではメールの送信（V2）となっています。「V2」は、バージョンを表しています。数字が大きければ大きいほど新しいため、同じ名前が複数ある場合、大きな番号の項目を使います。

画面が切り替わったら、［詳細モードに切り替える］⑱をクリックする

［宛先］の入力ボックス⑲をクリックすると、⚡が表示されるのでクリック⑳する

［表内に存在する行を一覧表示］から［宛先］㉑をクリックする。読み込んだExcelファイル内の宛先を送信先として設定した、という意味になる

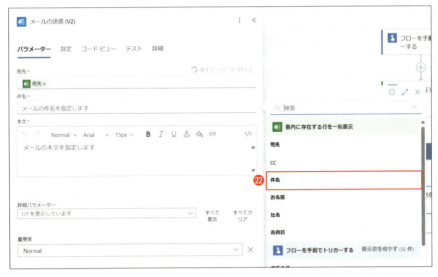

同様に［件名］の入力ボックスをクリックして ⚡ をクリックし、［表内に存在する行を一覧表示］にある［件名］㉒をクリックする

201

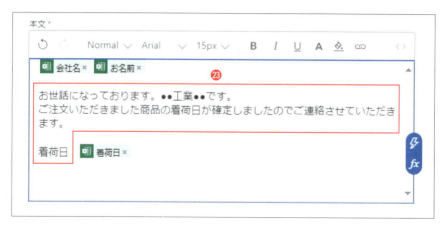

続けて、［お名前］［着荷日］もクリックして挿入する。次に、メールの本文を設定します。宛先や件名と基本は同じだが、本文中の線で囲った部分❷は、メールを通常書くのと同様にキーボードで入力する

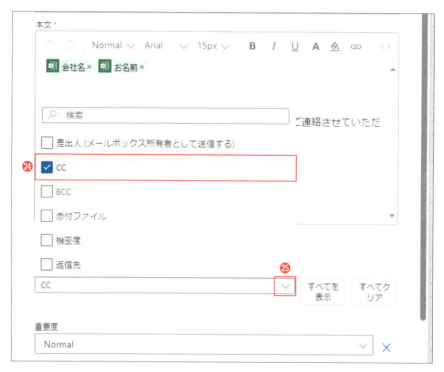

次にCCの項目も設定します。［詳細パラメーター］の入力ボックスの右にある［∨］❷をクリック→［CC］❷をクリックしてチェックマークを付ける

CCの項目が表示されるので、［詳細モードに切り替える］をクリックし、［基本モードに切り替える］㉖に変わったことを確認する。［CC］の入力ボックスをクリックし、⚡㉗をクリックする

表示された「表内に存在する行を一覧表示」から［CC］㉘をクリックする

ひと通りの設定が完了すると［For each］㉙が自動的に表示される

これですべての設定が完了しました。設定が完了すると、画面に［For each］が自動で表示されます。これは「コントロール」と呼ばれる機能の1つです。For eachは、繰り返し行う、という意味です。読み込んだExcelファイルの各行の内容をもとに、順番に1行1行メールの下書きを繰り返します。For eachは、自動で表示されるので操作の必要はありません。

■ フローのテストを行う

次にテストを実行します。これは、作成したフローにエラー(問題点) が無いかを確認するためのものです。ここで注意してもらいたいのが、テストとは言いながら、実際にフローが実行され、メールが送信される、という点です。そのため、テストの段階ではExcelファイルに書かれた宛先のメールアドレスをすべて自分自身のアドレスとしてください。

フローの作成は設定すべき項目が多く、慣れている人でも一回で完璧なものを作ることは難しいです。間違っている部分がある状態でテストを実行すると、相手に誤ったメールが届いてしまいます。そのため、テストで使う送付先のメールアドレスは、自分自身のメールアドレスとしてください。

Excelファイルの宛先とCCの2列に自分のメールアドレスを入力する。

テストの前に、まずは保存をクリックして、作成したフローを保存します。保存が完了したら、テストをクリックしてください。

［保存］❷をクリックして、少し待って文字の色が黒く変わったら［テスト］❸をクリックする

［手動］❹をクリックし、［テスト］❺をクリックする

［続行］❻をクリックする

［フローの実行］❼をクリックする。フローに問題がなければ、フローが正常に実行されたという画面が表示される

■ 正しくメールが送信されたか確認する

　テストが成功したら、Outlookを開いてメールが正しく送られているか確認しましょう。受信トレイ、もしくは送信済みトレイを開いて、そこにあるメールを次ページの確認ポイントを参考に確認します。なお、テストの段階では送付先のメールアドレスはすべて自分のアドレスにしますが、会社名やお名前は「株式会社1」「山田太郎1」というように、末尾に連番が振られたダミーの名称にしておくと、フローが正常に動いたか確認が容易になるのでお勧めです。

◆ 自動送信されたメールの確認ポイント

メールの内容❶	Excelファイルに書いた宛先や件名などが正しく記載されているか
メールの件数❷	Excelファイルに記載されたメールの件数と、送られたメールの件数が一致しているか

■ 作成した自動化のフローを実行する

● マイフローを表示する

　マイフローには作成したフローを管理し、実行する機能があります。先ほど完成させたフローを今度はマイフローの画面からも実行してみましょう。次ページを参考にまずはフロー作成の画面から［戻る］をクリックしてホーム画面に移動します。

［戻る］❶をクリックする

マイフロー❷を
クリックする

■ フローを実行する

　マイフローの画面に切り替わりました。先ほど作成した「自動送信」のフローが表示されていますので、名前の右にある［実行］❸をクリックして実行しましょう。しばらく待って、Outlookの送信済みアイテムに送信したメールが入っていたら成功です。

［実行］❸をクリックすると、フローが実行される

　ここで解説したのは1つのトリガーと2つのアクションのみを使った簡単なフローですが、たくさんのアクションを組み合わせれば、より高度な自動化が可能です。

　Power Automateを使いこなせば、最終的には毎日5時間かかっていたデータ編集作業を10分で終わらせる、といったことも十分可能です。ただし、そのレベルに到達するには長い練習が必要です。まずは業務の完全自動化ではなく、自動化しやすい部分の自動化を目指しましょう。

　Outlookの自動化に関しては、Power Automateが適していますが、他のアプリではPower Automate Desktopのほうが自動化しやすい場合もあります。Power Automateの使い方に慣れたら、Power Automate Desktopも試してみましょう。

column

英語メールの書式は恥ずかしい？

メールを書く時間と読む時間を半分にできる英語メールの書式。コンサルや企画系、役員クラスの人ではほとんど全員が使っている反面、誰も使っているのを見たことがなく、使うのが恥ずかしい、という話もよく聞きます。そういった場合、以下のような方法を試してください。

◆ 返信時のみ英語メールの書式を使う

新規メールを書く際は相手の会社名や役職、あいさつなどを入れた丁寧さで優る日本語メールの書式を使い、返信時のみ、効率で優る英語メールの書式を使う方法です。

英語メールの書式は、1人が使い始めると良さが周囲に伝わり、いつの間にか全員が使っていた、ということもよくあります。重要なのは英語メールの書式を使うことではありません。シンプルでわかりやすいメールを書き、ビジネスをより効率化することです。恥ずかしいと感じる人は英語メールの書式のよいところを、一部だけでも取り入れることから始めましょう。

◆ 英語メールの書式

〇〇様　──▶　相手の会社名や役職、あいさつを省略する

来週に予定している会議の日程について、ご確認をお願いします。
- 日時: 2025年3月10日（月）午後2時から
- 場所: 弊社会議室

ご多忙の中、恐れ入りますが、ご検討いただければ幸いです。
鈴木　──▶　自分の氏名を下に記載する

付録　Outlook効率化ショートカットキー

効率アップやスピードアップに役立つお勧めショートカットキーです。また、Shift + ? キーを押すと、全ショートカットキーが表示されるので、こちらもぜひ覚えてください。

機能	ブラウザー版	クライアント版
メール作成の高速化		
新規メール作成	N	Ctrl + N
返信	R	Ctrl + R
全員に返信	Shift + R	Shift + Ctrl + R
転送	Shift + F	Ctrl + F
送信	Ctrl + Enter	Ctrl + Enter
メール管理の高速化		
アーカイブ	E	Backspace
フラグの設定	Insert	フラグの設定
メールを新しいウィンドウで開く	Shift + Enter	Shift + Enter
次(前)のメールに移動	↓ (↑)	↓ (↑)
文字入力の高速化		
クリップボードの履歴	⊞ + V	⊞ + V
項目の移動	Tab / Shift + Tab	Tab / Shift + Tab

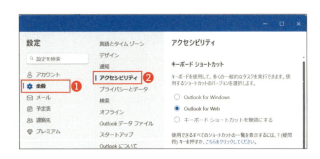

クライアント版ではP.30を参考に設定画面を表示し、［全般］❶-［アクセシビリティ］❷にある［キーボードショートカット］でブラウザー版と同じショートカットキーを利用できる

211

おわりに

　本書『アウトルックの強化書 1日1時間の時短はこう実現する』を手に取っていただき、誠にありがとうございます。この本が皆様のビジネスライフを少しでも効率的に、そして充実したものにする一助となれば幸いです。

　私は2008年に起こったリーマンショックで当時勤めていた工場がなくなり、事務職として再出発することになりました。残念ながら事務職としての適性がなかった私は、プログラミングやITの知識を高めることで生き残りを目指し、10年以上経過した現在はITコンサルタントとして研修や執筆を行っています。当時、プログラマー35歳定年説というものがありましたが、私がプログラミングの勉強を始めたのは40歳前後でした。やれば何とかなるものです。

　本書は、私がこの10年で学んだ内容に加え、研修の講師陣や参加者の皆様など多くの人のご意見、ご協力をいただいて完成しました。ご協力くださったすべての皆様に感謝いたします。

　現在、世間ではAIショックが進行しています。私も次々に登場する新しいAIによって、いつか自分の仕事が自動化され、なくなるかもしれないと恐怖を感じるときがあります。

　しかし、私がこれまでの経験から学んだことは、変化に適応し続けることの重要性です。新しい技術やツールを積極的に学び、自分のスキルセットを常にアップデートすることで、どんな時代でも生き残ることができると信じています。本書を習得していただけばOutlookに関しては全ての知識を習得したといって良いでしょう。次はPower AutomateでのExcelファイル加工の自動化や、AIを活用した仕事の効率化にもチャレンジいただければ、と思います。これらは持ち運び可能なポータブルスキルと呼ばれるもので、どこの部署、どこの会社に行っても絶大な効果を発揮するでしょう。

世界で2000万部を超えるヒットとなった、『ジェームズ・クリアー式 複利で伸びる1つの習慣』という書籍があります。この書籍では、毎日1%の成長を目指して勉強や仕事を行うことが重要と書かれています。この書籍では人間の成長は複利的とされており、毎日1%成長すれば、1年間で37倍の能力を手に入れられるとされています。この手法はChatGPTを開発したOpenAIのアルトマンCEOも実践していて、彼は「毎日他の人より10%多く仕事をし、1%成長することが重要」としています。彼は39歳の若さで複数企業の会長やCEOを務めるまでに成長し、世界に多大な影響を与えています。私たちが彼と同じことを行うのは困難かもしれませんが、それでも1日0.5%でも、0.1%でも、成長することが重要だと私は考えています。

　まずは1日1つ、新しいショートカットを習得する、でも良いと思います。勉強を継続すれば、5年後10年後には今は想像もできないような高度な仕事を行えるようになるでしょう。

　私たちは今後も、「日本の知的生産性を高めることで、所得を増やし、豊かで自由な生活を行う」を目標に情報やテクニックを提供していく予定です。引き続きご愛顧賜りますようお願い申し上げます。

2025年1月
伊賀上真左彦・岡林昭憲・田嶋江梨子

索引

アルファベット

BCC	24, 45
Copilot	120, 130
HTML形式	40
Outlook	10
Power Automate	19, 178
Power Automate Desktop	178
RPA	20, 178
Teams	78

あ

アクションボタン	181
インボックス・ゼロ	50, 118
閲覧ウィンドウ	34

か

外部モニター	48
今日の予定	36
共有メールボックス	158, 162, 168
共有メールボックスの作成	161
クライアント版	11, 28
クリップボードの履歴	105
グループメーラー	15, 158
検索フォルダー	98, 100
コーチング	136

さ

下書きの生成	124
下書き用プロンプト	129, 132
自動応答	172
自動化	176
条件付き書式	85
ショートカットキー	62, 64, 71, 80, 211
署名	37

スマートフォン版Outlook	73
スレッド表示	30, 32
設定画面	30
送信の取り消し	43

た

単語の登録	103
ディープ・ワーク	57
添付ファイル	150
トリガー	181

は

フォーカスセッション	59
フォルダーの新規作成	84
ブラウザー版	11, 26
プレーンテキスト型式	41
フロー	181
分類項目	88, 96
返信用プロンプト	135

ま

マイテンプレート	108
優先受信トレイ	29

や

要約	138
予定表	114

ら

リアクション	112
ルールを作成	83
レイアウト	35
連絡先	146

■ 著者

伊賀上真左彦（いがうえ まさひこ）
株式会社 G.A.Consulting 執行役員

専門は、IT教育や大規模業務の設計、プログラミングでの業務効率化・自動化。業務の専門性＋IT技術で効率化を行う『ライトなITエンジニア』の育成がライフワーク。現在は日本の労働生産性の向上のため、アウトルックの作業効率を極限まで効率化させるべく執筆と研修を主に活動している。

岡林昭憲（おかばやし あきのり）
株式会社 G.A.Consulting 代表取締役

情報理工学博士課程を経て、設計事務所に勤務した後、信託銀行へ転職し、不動産金融ビジネスに従事。その後、海外でリース会社を立ち上げるために独立。現在、不動産アセットマネージメント、建築設計、内装デザイン、建築物の適法化によるバリューアップ、ＩＴ研修事業を展開。

田嶋江梨子（たじま えりこ）
臨床検査技師／宅地建物取引士／インテリアデザイナー／ITコンサルタント

3児の母親として育児家事をこなす一方で、医療業界、不動業界、建築業界の３つの異なる分野の資格を取得。高いITスキルを駆使し、業界を超えて横断的に視点を重ねることで実現する高度な課題解決に取り組むコンサルタントとして活躍。

■ STAFF

ブックデザイン	山之口正和＋永井里実＋齋藤友貴（OKIKATA）
校正	株式会社トップスタジオ
制作担当デスク	柏倉真理子
DTP	町田有美
デザイン制作室	今津幸弘
編集協力	斎藤治生（サイトウ企画）
編集	小野孝行
編集長	藤原泰之

本書のご感想をぜひお寄せください
https://book.impress.co.jp/books/1124101061

アンケート回答者の中から、抽選で図書カード（1,000円分）などを毎月プレゼント。
当選者の発表は賞品の発送をもって代えさせていただきます。
※プレゼントの賞品は変更になる場合があります。

215

■商品に関する問い合わせ先

このたびは弊社商品をご購入いただきありがとうございます。本書の内容などに関するお問い合わせは、下記のURL
または二次元バーコードにある問い合わせフォームからお送りください。

https://book.impress.co.jp/info/

上記フォームがご利用いただけない場合のメールでの問い合わせ先

info@impress.co.jp

※お問い合わせの際は、書名、ISBN、お名前、お電話番号、メールアドレス に加えて、「該当するページ」と「具体的
なご質問内容」「お使いの動作環境」を必ずご明記ください。なお、本書の範囲を超えるご質問にはお答えできない
のでご了承ください。

- ●電話やFAX でのご質問には対応しておりません。また、封書でのお問い合わせは回答までに日数をいただく場合
  があります。あらかじめご了承ください。
- ●インプレスブックスの本書情報ページ　https://book.impress.co.jp/books/1124101061 では、本書のサポー
  ト情報や正誤表・訂正情報などを提供しています。あわせてご確認ください。
- ●本書の奥付に記載されている初版発行日から1年が経過した場合、もしくは本書で紹介している製品やサービス
  について提供会社によるサポートが終了した場合はご質問にお答えできない場合があります。

■落丁・乱丁本などの問い合わせ先

FAX　03-6837-5023

service@impress.co.jp

※古書店で購入された商品はお取り替えできません。

アウトルックの強化書 1日1時間の時短はこう実現する
(できるビジネス)

2025年3月11日　　初版発行

著　者　伊賀上真左彦・岡林昭憲・田嶋江梨子

発行人　高橋隆志

編集人　藤井貴志

発行所　株式会社インプレス

　　　　〒101-0051　東京都千代田区神田神保町一丁目105番地

　　　　ホームページ　https://book.impress.co.jp/

本書は著作権法上の保護を受けています。本書の一部あるいは全部について(ソフトウェア及びプログラムを含む)、株
式会社インプレスから文書による許諾を得ずに、いかなる方法においても無断で複写、複製することは禁じられています。

Copyright © 2025 Masahiko Igaue, Akinori Okabayashi and Eriko Tajima. All rights reserved.

印刷所　株式会社広済堂ネクスト

ISBN978-4-295-02023-3 C3055

Printed in Japan